员工岗位技能培训系列教材

行车调度员与车场调度员(初级)

哈尔滨地铁集团有限公司 ◎ 编

西南交通大学出版社
·成都·

图书在版编目（CIP）数据

行车调度员与车场调度员：初级／哈尔滨地铁集团有限公司编．—成都：西南交通大学出版社，2019.8
员工岗位技能培训系列教材
ISBN 978-7-5643-7039-8

Ⅰ．①行⋯ Ⅱ．①哈⋯ Ⅲ．①城市铁路－调度－技术培训－教材 Ⅳ．①U239.5

中国版本图书馆 CIP 数据核字（2019）第 169670 号

员工岗位技能培训系列教材

Xingche Diaoduyuan yu Chechang Diaoduyuan（Chuji）

行车调度员与车场调度员（初级）

哈尔滨地铁集团有限公司　编

责任编辑	姜锡伟
助理编辑	宋浩田
封面设计	毕　强

出版发行	西南交通大学出版社 （四川省成都市金牛区二环路北一段 111 号 　西南交通大学创新大厦 21 楼）
邮政编码	610031
发行部电话	028-87600564　028-87600533
官网	http://www.xnjdcbs.com
印刷	四川煤田地质制图印刷厂

成品尺寸	210 mm×285 mm
印张	13
字数	381 千
版次	2019 年 8 月第 1 版
印次	2019 年 8 月第 1 次
定价	58.00 元
书号	ISBN 978-7-5643-7039-8

课件咨询电话：028-87600533
图书如有印装质量问题　本社负责退换
版权所有　盗版必究　举报电话：028-87600562

哈尔滨地铁集团有限公司
培训系列教材编写委员会

主　任	马柏成　姜庆滨
副主任	刘宝玉
主　编	范国荣
副主编	苏雪芳
委　员	孟　晔　丁　晶　王玉斌　封玉德　张玉库
	沙天瑜　邹永志　王　皓　王英龙　毕　强
	耿占东　朱松滨　李学友　李春辉　崔　敏
	李文博　公严鸿　吴文冠　王龙云　张　磊
	孟祥龙　关苹苹　张艺天　姜海波　吕博瑶
	倪世钱　汪新华　刘炳强　刘宇博　杨　钊
	张雁艳
评审专家组	李广俊　樊德亮　黄旭虹　王春玲　杨永芝
	徐金薇　张琼燕　曹新康　蒋红梅　岳战威
	柴宇飞　王松海

本书编写人员

主　编　刘炳强

主　审　公严鸿

哈尔滨地铁编写人员

行车调度员部分　　赵树刚　许天生　徐嗣嘉　沈弼强　顾佳伟

车场调度员部分　　姜　亚　谷庆明　张鸿瑞　唐洪波

合作院校　　哈尔滨职业技术学院

院校编写人员　　马　乐

序

2008年，哈尔滨地铁开工建设。10年间，我们走过了一条奋斗者的创业之路，企业的人才培养也必须紧跟发展定位，向标准化、规范化方向努力。培养"老员工"的与时俱进和更新知识势在必行；培养"新员工"的高端起步和新技术应用是当务之急。企业倾其情、尽其能抓员工教育；员工把培训作为前进的动力、改变自我的平台、提升技能的手段和实现人生价值的途径。

城市轨道交通作用的发挥，依靠系统安全和高效运营。城市轨道交通系统设备先进、结构复杂，高新技术应用越来越普及，要保障这一庞大系统的安全稳定，必须依靠与之相协调的高素质人才。轨道交通行业员工队伍中2/3以上是技术工人，他们是企业的主体，他们的素质直接关系到企业的生存和发展。因此，企业只有拥有一支高素质的技能人才队伍，培养一批技术过硬、技艺精湛的能工巧匠，才能确保安全生产，提高工作效率，提升非正常情况下的应急处理能力。

岗位技能培训是人才培养的重要途径，是提高企业核心竞争力的重要手段，而岗位技能培训的过程和结果，需要相应的培训教材作支撑。哈尔滨地铁集团有限公司通过几年的工作实践，深感编写具有企业设备设施和运营组织特点、满足岗位技能培养需要、确定合作院校教学大纲的教材的重要性。为适应目前"校企合作，工学结合"的人才培养模式，我们围绕哈尔滨地铁的重点专业、重点岗位，采取企校联合的办法，编写了哈尔滨地铁集团员工岗位技能培训系列教材（共12册）。后续我们将持续更新，做到各岗位、各等级全覆盖。在编写教材的过程中，我们组织了一批轨道交通职业院校的教师和地铁一线的专业工程师对教材进行了认真编撰，各设备厂商也积极参与，大家建言献策，群策群力，共谋地铁人才教育之道。

这套教材的主要特色如下：

（1）以哈尔滨地铁规章规程为主，以通用基础知识为辅，突出哈尔滨地铁设备的特征，注重理论与实操相结合，适用于员工入门培训及初级岗位技能培训。

（2）采用模块化的编写方式，结合岗位特点，将知识点重新梳理、整合，做到了教学目的明确、教学重点突出。

（3）结合哈尔滨地铁应急处置、故障分析、典型案例等方面的处理经验，并配以大量现场设备图片、处理程序、操作流程图等进行详细解说，做到理论与现场相结合，实现上岗零对接。

（4）注重"学练"结合。教材中每个模块、每个项目、每个知识点都提炼出相应的习题，给出了测试要点，做到学考统一。

在迈向新征程之际，所有参与企业教育的工作者，将多年的经验和所得凝聚成这套系列教材，借鉴了同行业的思路，受益于上海、宁波、重庆等同行业的指导。尽管这套教材有很多不完善之处，也有不成熟的想法，但在蹒跚之中，我们必须要走出一条管理者的创新之路。

谨以此书，献给为哈尔滨地铁事业奉献青春年华的所有建设者，献给默默工作在一线的广大员工，献给未来与企业共发展的奋斗者！

范国荣

2019 年 7 月

前　言

为适应哈尔滨地铁轨道交通网络化运营快速发展的需要，加速培养企业急需的高技能人才，让企业员工的岗位培训更加规范，并使员工能够尽快掌握技能、胜任岗位作业要求，哈尔滨地铁集团开展了企业生产类员工岗位和技能培训标准化教材的编制工作。

该教材从地铁运营实际需要出发，突出应用性和实践性，注重对行车调度员和车场调度员在运营过程中具备日常调度指挥、及时准确处理各种突发事件的核心职业能力的培养，保证地铁运营安全以及乘客服务质量。

本书采用模块教学，是以哈尔滨地铁行车调度和车场调度工作任务为项目内容，以完成典型工作任务的逻辑顺序为线索，实行学习结构向工作结构转换的一种能力。

本书用于哈尔滨地铁行车调度和车场调度岗前培训及在岗培训，也可作为其他城市轨道交通企业员工，大中专院校学生的培训和学习教材，也可供其他城轨相关人员学习参考。

编　者
2019 年 6 月于哈尔滨

目录 CONTENTS

行车调度员业务模型

第一篇 行车调度员篇

模块一 行车调度员工作交接 ·· 2
- 任务一 行车调度员工作流程 ·· 3
- 任务二 行调的工作接口 ·· 6
- 任务三 交接班准备 ··· 10
- 任务四 交接班事项提醒 ·· 13
- 任务五 交接班会议 ··· 15
- 模块训练 ··· 17
- 模块小结 ··· 18
- 模块自测 ··· 18

模块二 乘客服务 ·· 20
- 任务一 观察《列车运行图》 ··· 20
- 任务二 车次框显示的基本意义 ·· 23
- 任务三 了解《列车时刻表》 ··· 24
- 模块训练 ··· 27
- 模块小结 ··· 28
- 模块自测 ··· 28

模块三 行车组织/指挥 ·· 30
- 任务一 运营前检查 ··· 31
- 任务二 列车出入场 ··· 32

  任务三 列车按图行车 ·· 34
  任务四 列车运行实时监控 ·· 36
  任务五 技术设备 ·· 37
  模块训练 ·· 44
  模块小结 ·· 45
  模块自测 ·· 45

模块四 施工组织 ·· 47
  任务一 施工预想 ·· 48
  任务二 施工组织与请销点流程 ·· 51
  任务三 施工调度命令 ·· 52
  模块训练 ·· 55
  模块小结 ·· 56
  模块自测 ·· 56

模块五 故障应急处置 ·· 58
  任务一 信号故障 ·· 58
  任务二 列车牵引故障导致救援 ·· 66
  任务三 接触网故障 ·· 68
  任务四 车站失电处置 ·· 70
  任务五 常见电客车故障处理 ·· 72
  模块训练 ·· 74
  模块小结 ·· 75
  模块自测 ·· 75

模块六 突发事件（事故）处理 ·· 77
  任务一 大雾、雾霾应急处理 ·· 77
  任务二 大雪、暴雪应急处理流程 ·· 78
  任务三 列车毒气袭击应急处理流程 ·· 80
  任务四 车站站台火灾处理流程 ·· 81
  任务五 列车火灾（迫停区间）处理流程 ······································ 83
  任务六 列车脱轨、倾覆应急处理程序 ·· 85
  任务七 人员误进轨行区应急处理程序 ·· 86
  任务八 区间水淹应急处理程序 ·· 88
  任务九 接触网异物缠绕应急处理程序 ·· 89
  模块训练 ·· 91
  模块小结 ·· 92
  模块自测 ·· 92

第二篇 车场调度员篇

模块七 车场组调度岗位通用知识 …… 93
任务一 正线运作知识篇 …… 94
任务二 车辆段运作知识篇 …… 97

模块八 车场组车场调度员日常作业知识 …… 131
模块训练 …… 147
模块小结 …… 148

模块九 车场组信号楼值班员日常作业知识 …… 149
模块训练 …… 167
模块小结 …… 168

模块十 车场组调度岗位上岗测试题 …… 169

参考答案 …… 185

行车调度员业务模型

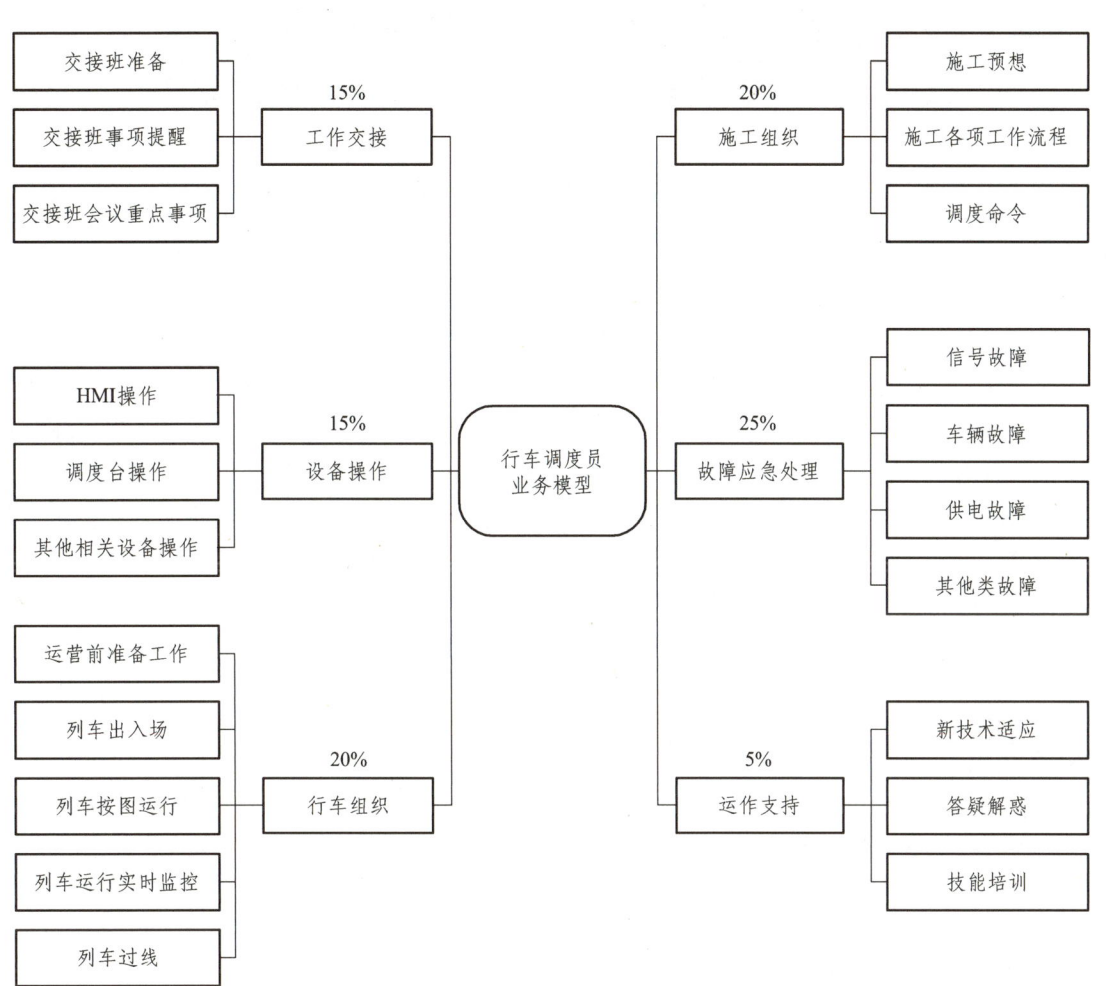

第一篇 行车调度员篇

模块一 行车调度员工作交接

案例导学

实习行车调度员（以下简称"行调"）小安在更衣室换好制服，整理好着装及仪容，然后来到调度大厅，发现师傅已经在调度工作台与上一班组行调对着运营生产台账进行交接，但是刚从电客车司机岗位转过来的小安对师傅交接的内容以及调度大厅的一切都是那么陌生，不知道该从何做起。工作交接是调度班组倒班工作承前启后的重要环节，上一班组要将重点注意事项、未完成事项以及后续重点工作与下一班组进行交接，以保证接班班组运营生产工作的顺利进行。

那么，行调的工作交接主要分为哪些内容？具体该如何操作呢？以上问题可以通过学习本模块得到解决。

学习目标

1. 掌握交接班准备工作。
2. 了解上一班组重点事项。
3. 了解上一班组未完事项。
4. 熟悉当日时刻表及列车上线情况。
5. 了解接班后的重点工作。
6. 掌握对其他重要事项、文件通知的交接。
7. 掌握交接班会议的汇报流程及汇报内容。

技能目标

1. 能按规定统一着装，佩戴工作牌、领带、肩章等。
2. 能提前 10 min 到岗，全面了解交接班情况。

3. 能按照规定填写《行调工作日志》。
4. 能对接班行调做好交接班事项提醒。
5. 能在交接班会议时指出当日重点事项。

任务一　行车调度员工作流程

相关知识

一、岗位职责

（1）按照"运筹帷幄、科学指挥、调度有序、确保安全"的原则展开工作。
（2）服从上级指挥、与其他调度配合工作。
（3）监控设备运行，做好故障记录。
（4）收集数据，做好记录。
（5）组织、处理突发事件，保障运营。
（6）传达上级有关运营工作的指令。
（7）及时完成领导交办的任务。

二、行车调度员工作流程

时间区间	工作内容	岗位联动说明
0750—0800	跟踪上一个班交接的施工、行车设备故障、列车晚点、行车计划更改等遗留问题及领导交办的事情	
	参加白班交接班会，并向值班主任汇报整个运营情况	
	按照值班主任布置的工作任务进行工作	值班主任布置工作任务
0800—1800	监控列车运行状态，查看列车有无早晚点情况，对早晚点时间与时刻表偏差较大的列车，及时通过无线调度台提醒司机及相关车站	
	根据施工计划组织施工，并跟进、整理施工进度及完成情况	值班主任提出处置意见。维调发布相关应急信息。司机、车站、场调、检调、生产调度等协助故障处理。设调（操作）进行停送电配合应急处理。设调（操作）开启/关闭相关设备
	根据车站及司机汇报的相关问题进行应急处理，及时将故障情况通知值班主任及各调度	
	根据工作情况及时填写运营相关台账	

续表

时间区间	工作内容	岗位联动说明
0800—0830	检查工作设备有线调度台、无线调度台、HMI、CLOW、大屏、CCTV、800M等，必要时与车站、司机等单位进行通话测试等	
0830—0940	与场调确认接车条件，组织高峰列车回段或正线热备	场调确认是否具备接车条件
	通知联锁站解锁相关道岔	相关联锁站解锁相关道岔
0940—1100	审核第二天夜间施工计划	值班主任、施工管理工程师负责协调、调整计划
	若发现施工冲突及时与值班主任或施工管理工程师联系	
	若有相关重大施工或施工细节不明确的，及时与值班主任、施工管理工程师或施工领导人沟通	
1100—1200	换班吃饭，轮班监控列车运行状态	必须保证至少有一人在岗，值班主任进行监督检查
1330—1430	组织召开班中学习会，学习近期重要传阅文件、开展桌面应急演练、总结分析事故案例、学习领导近期重点交办事项或重大施工安全预想等工作	值班主任组织开展班中学习会
1620—1720	通知相关联锁站解锁相关道岔，通知场调正线具备接车条件	相关联锁站解锁相关道岔。场调将列车发到指定位置
	组织高峰列车出段上线运营	
	逐一与进入正线司机核对车次号、车体号并通知其运行的路径或目的地	
1700—1730	检查本岗位设备运行状态，填写监控系统状态表，并签字确认	值班主任审核并签字确认
1730—1750	填写相关台账，并汇总当班期间所发生的相关情况，向接班调度交接	
1750—1800	跟踪上一个班交接的施工、行车设备故障、列车晚点、行车计划更改等遗留问题及领导交办的事情	
	参加夜班交接班会，并向值班主任汇报整个运营情况	
	按照值班主任布置的工作任务进行工作	值班主任布置工作任务
1800—0800	监控列车运行状态，查看列车有无早晚点情况，对早晚点时间与时刻表偏差较大的列车，及时通过无线调度台提醒司机及相关车站	
	根据车站及司机汇报的相关问题进行应急处理，及时将故障情况通知值班主任及各调度	值班主任提出处置意见。设调(维修)发布相关应急信息。司机、车站、场调、检调、生产调度等协助故障处理。设调（操作）进行停送电配合应急处理。设调（操作）开启/关闭相关设备
	根据工作情况及时填写运营相关台账	
1800—1830	检查工作设备，主要有线调度台、无线调度台、HMI、CLOW、大屏、CCTV、800M等，必要时与车站、司机等单位进行通话测试等	

续表

时间区间	工作内容	岗位联动说明
1930—2030	与场调确认接车条件，组织高峰列车回段	场调确认是否具备接车条件
	通知联锁站解锁相关道岔	相关联锁站解锁相关道岔
2030—2130	参加施工预想会，汇报夜间施工情况	值班主任布置施工安全注意事项
2130—2320	与场调确认接车条件，组织运营结束列车回段	场调确认是否具备接车条件
	通知联锁站解锁相关道岔	相关联锁站解锁相关道岔
2320—0350	保存当日运行图，加载次日运行图	
	填写行车数据统计表	设调（维修）汇总每日行车相关数据
	填写施工利用率统计表	
	确认具备停送电条件，填写停送电通知单，值班主任签字确认后，交由设调（操作）进行停送电	设调（操作）进行停送电。值班主任把控安全环节，并签字确认
	确认具备挂拆地线条件，根据挂拆地线通知单要求进行填写，交值班主任签字确认后，交由设调（操作）	设调（操作）确认具备挂拆地线条件。值班主任把控安全环节，并签字确认
	根据施工计划组织施工，确认具备请销点条件与车站、场调等单位核对施工信息，审批施工，并跟进、整理施工进度及完成情况	车站、场调等单位核对施工信息
	确认列车动车条件，并填写列车动车条件确认表	值班主任把控安全环节，并签字确认
0350—0410	确认全线施工结束，线路出清	
	确认工作设备正常	
	组织车站、场调、信号楼进行早运营前检查工作	场调、信号楼、车站等单位逐一向行调汇报行车相关设备设施情况及施工情况
	通知车站、场调、信号楼当日执行时刻表情况及核对中央时间	
	对场调、信号楼、车站汇报的内容进行确认并记录	
	向值班汇报检查情况	值班主任确认运营前检查情况
0410—0730	通知相关联锁站解锁相关道岔，通知场调正线具备接车条件	相关联锁站解锁相关道岔。场调将列车发到指定位置
	按图组织列车上线运营	
	逐一与进入正线司机核对车次号、车体号并通知其运行的路径或目的地	
0700—0730	检查本岗位设备运行状态，填写监控系统状态表，并签字确认	值班主任审核并签字确认
0730—0750	填写相关台账，并汇总当班期间所发生的相关情况，向接班调度交接	

任务实施

（1）行调按规定进行日常工作。
（2）根据要求完成本职工作。
（3）注意事项如下。
① 在作业期间执行双人确认的原则；
② 执行标准化做作业；
③ 遇有特殊情况应及时上报。

任务评价

根据以上学习内容，评价自己对本任务内容的掌握程度，在下表相应空格里打"√"。

评价内容	差（60%以下）	合格（60%~80%）	良好（80%~90%）	优秀（90%以上）
对交接班准备技能要求的掌握程度				
对交接班准备的作业流程掌握程度				
学习中存在的问题或感悟				

任务二　行调的工作接口

相关知识

哈尔滨地铁的行车组织离不开行车调度员的指挥，也离不开其他各调度的配合，在日常工作中，行车调度员与其他各调度之间都存在一定的工作接口。

一、行调与设调（操作）的工作接口

1. 正常情况下的工作接口

（1）需进行接触网停电作业时，行调确认接触网具备停电条件后，填写停电通知单并签名确认，由值班主任审批签名后交设调（操作）办理停电手续，设调（操作）确认接触网停电完毕后签字确认，并将停电通知单返还行调。

（2）需进行接触网送电作业时，行调确认接触网具备送电条件后，填写送电通知单并签名确认，由值班主任审批签名后交设调（操作）办理送电手续，设调（操作）确认接触网送电完毕后签字确认，并将送电通知单返还行调。

（3）设调（操作）与行调核对《运营时刻表》后，按《运营时刻表》规定的时间及有关程序执行，在运营开始前和结束后开启和关闭车站环控大系统。

（4）施工期间，因检修施工、工程列车开行需要开启隧道风机时，设调（操作）根据计划开启隧道风机；

（5）有关环控、给排水、低压配电、电扶梯、站台门等机电设备的维修施工由设调（操作）进行管理，若施工占用轨行区时，必须得到行调同意。

2. 故障情况下的工作接口

（1）进行事故抢修时行调口头通知设调（操作）立即停电；如发生危及设备安全或人身安全的供电故障时，设调（操作）告知行调后即可自行停电，事后补填《停电通知单》。

（2）设调（操作）接报变电所跳闸或发生故障时，立即通知行调，行调在值班日志上做记录，并通知车站和司机加强监控，配合查找跳闸原因，把现场反馈的信息及时通报给设调（操作）。设调（操作）根据故障情况提供正确的供电方案，同时知会值班主任及行调。

（3）接触网停电或故障时，设调（操作）与行调互相通报故障信息，行调配合设调（操作）按照先通后复的原则尽最大可能恢复供电。

（4）当设调（操作）接到供电局电压波动时，应及时将信息通报行调及值班主任，行调通知全线各站及列车司机加强对设备的监控。

（5）运营服务时间提前或客车晚点延误收车时间时，行调通知设调（操作）提早/推迟开启/关闭车站空调大系统。

（6）运营秩序发生紊乱时，列车在隧道内停车超过 2 min 时，行调通知设调（操作），检查隧道风机是否开启。如环控系统无法收到列车阻塞信号时，行调要及时将列车在区间停车的信息告知设调（操作），要求开启隧道风机。

（7）遇设备故障导致乘客需要进行区间疏散时，行调通知设调（操作）疏散信息，设调（操作）开启相应隧道风机。

（8）当车站、列车、区间发生火灾、爆炸事故或毒气等恐怖袭击时，按照值班主任的组织处理应急情况，设调（操作）应按火灾模式进行中央控制或组织车站启动各减灾、救灾设备动作。行调与设调（操作）应相互核对现场信息，确保正确执行紧急情况下的环控模式。

（9）运营期间的机电设备抢修（如站台门、区间泵房等）按照先通后复的原则进行处理，由设调（操作）向行调提出申请，行调同意后由设调（操作）组织实施；需要进入区间泵房进行抢修时，由行调负责指挥抢修人员搭乘指定的列车到达、出清抢修区域。

（10）设调（操作）收到恶劣天气预警信息时应及时通知指挥中心各调度岗位。

二、行调与设调（维修）的工作接口

1. 抢修组织的工作接口

（1）行调接到影响行车的设备故障、服务设备设施故障导致乘客投诉或行调发现的故障时（信号、通信、线路、车站设备、供电设备），应及时通报设调（维修），并根据实际的故障影响要求抢修。

（2）设调（维修）接报故障后，除及时组织有关人员处理外，还应在故障处理过程中随时把处理进展和故障的初步原因通报行调。

（3）运营期间需要抢修行车设备时，行调根据需要发布封锁命令，并由设调（维修）授权抢修负责人负责封锁区域内的故障（事故）处理组织工作；抢修完毕，恢复行车条件后，行调取消封锁命令，设调（维修）收回授权；抢修过程中，遇现场提出有人员、物资等需求的情况时，由设调（维修）协调安排。

（4）抢修组织过程或运营秩序发生紊乱时，行调应将列车晚点情况告知设调（维修），由设调（维修）通报各车站及发布相应的 PIS 信息。

（5）故障处理完毕，行调应协助设调（维修）编写运营日报。

2．施工组织的工作接口

（1）在施工作业计划执行中遇到的问题，由行调协调解决。

（2）在施工期间，遇到救援抢险需要开行救援列车时，由值班主任提出救援列车通过的线路上所有作业出清时间，行调负责按要求命令该区域的作业人员结束作业、出清线路，同时，通知相关车站配合。

三、行调工作配合

（一）一般原则

1．统　一

各行调应统一按照值班主任发布的方案和命令执行。

2．配　合

各行调应主动沟通，确保信息通畅，避免重复做同一件事情。

3．提　醒

各行调应相互提醒，相互监控，认真按照流程处理，避免工作遗漏和失误。

4．确　认

认真执行双人确认程序，避免操作错误或发布相冲突的指令。

5．互　助

一名行调在完成自己工作任务后，应协助另一名行调开展工作。

（二）行调接报故障时的配合

（1）行调接报司机或车站电话时，另一名行调将 CCTV 调整到相对应的站台查看现场情况，同时做好扣停后续列车的准备。

（2）接报故障的行调记录关键信息并将故障内容大声复诵，若是车辆故障需通报检调，另一名行调通报值班主任，同时根据故障情况对相关司机/车站发布行车指令。

（3）故障处理时，一名行调负责对故障点的指挥处理，另一名行调负责对故障点外的行车组织指挥。

（4）各班组需在班组内进行充分讨论，形成日常调度工作或故障处理下的配合默契。

（5）行调对故障情况的处理，按照《指挥中心应急处理程序》相关要求执行。

四、双人确认制度

（一）行调岗位需要双人确认的关键作业内容

（1）发布书面调度命令。
（2）排列、取消列车进路。
（3）授权列车越过信号机。
（4）运营客车清客、抽线、停运、下线。
（5）行车计划临时调整。
（6）执行安全相关命令。
（7）列车出入车辆段/停车场、进出施工区域。
（8）停电、挂地线条件。
（9）拆地线、送电条件。
（10）调度员临时离开岗位。

（二）双人确认的原则

1. 目的确认

执行命令前，需确认行调的意图、目的是否正确一致。

2. 条件确认

执行命令前，需确认满足执行命令的安全前提条件、无敌对条件存在。

3. 过程确认

执行命令时，确认操作步骤、方式正确。

4. 结果确认

执行命令后，确认命令操作成功、结果正确。

任务实施

（1）当行调发起停送电作业时，行调、设调（操作）供电需按照停送电流程的要求实施，并按要求填写《停送电申请单》。
（2）列车在隧道内停车超过 2 min 时，行调通知设调（操作）开启隧道风机。
（3）在抢修过程中，行调与设调（维修）要及时联系。
（4）注意事项：按照要求，调度员要严格执行"双人确认"，保障安全运营，避免人为事件的发生。

任务评价

根据以上学习内容，评价自己对本任务内容的掌握程度，在下表相应空格里打"√"。

评价内容	差（60%以下）	合格（60%~80%）	良好（80%~90%）	优秀（90%以上）
行调与各调度的接口				
行调的双人确认制度				
学习中存在的问题或感悟				

任务三　交接班准备

相关知识

交接班准备是指交接班前交班行调和接班行调应做好准备工作，包括考勤打卡、规范着装、6S 标准检查、《行调工作日志》填写、班中情况对接等。

一、考勤打卡

行调上班之前及下班之后第一时间在 B 区一楼考勤打卡机处打卡考勤（见图 1-1），员工将面部对准考勤机感应区域，听到考勤机应答出员工姓名，并在显示屏上看到本人信息，即代表打卡成功，作为本次上班凭证之一，直接对应月度考核。

图 1-1　打卡机

二、着装及仪容规范

行调来到更衣室换好衣服，佩戴肩章、打好领带（女行调打领花），整理完毕精神抖擞地工作。禁止工作期间穿拖鞋、未穿工作鞋，敞衣，卷袖，领带松垮，领花随意系搭，制服缺扣等情况（见图 1-2）。

图 1-2　规范着装

三、检查行调工作台目视化情况

行调来到工作台,按照目视化的标准和要求检查办公区目视化的管理情况,并检查台账、办公用品及备品备件是否齐全完好(见图 1-3)。

图 1-3　目视化办公台账

四、填写《行调工作日志》

白班:交班行调在《行调工作日志》上填写当班重点事项,并填写出库列车车组号与车次号的对应关系;夜班:交班行调在《行调工作日志》上填写当班重点事项(见图 1-4)。

行调能独立完成交接班登记表的填写,确保交接班事项填写清楚明了。填写过程中如有错误,应画横线后盖章,再重新填写,不可胡乱涂改;交班之前,将当日填写页内未完成部分划斜线,以防事后补填现象的发生,确保台账填写的严肃性。

图 1-4　行调工作日志

五、班前手机上交

调度人员上班接班前应将手机交由值班主任,由值班主任统一存放在指定位置(见图1-5)。下班交班完毕,各当班调度自行取回手机;当班人员工作期间原则上不能使用手机,特殊情况下确有急事需要用手机联系时,可经值班主任同意后使用;所交手机必须为其正常联系使用的手机,不得以废旧手机进行替代。

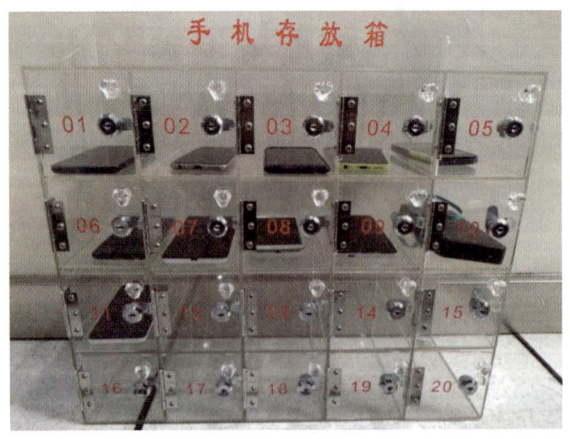

图 1-5　手机摆放

任务实施

（1）行调按规定着装，佩戴工作牌，检查目视化和备品备件情况。
（2）查看《行调工作日志》，掌握上一班组重点交接事项。
（3）将手机上交，放到指定位置。

接班行调按要求完成考勤打卡，按规范着装，仔细检查调度台目视化情况，确认调度台各设施设备按照目视化标准摆放，检查备品备件，确认备品备件完整后，开始下一议程——交接班事项提醒。

（4）注意事项。

① 衣着规范，注意扣子全部系上，领带打好，肩章带好，穿黑色皮鞋或布鞋进入大厅。
② 检查上一班组台账（尤其是《行调工作日志》）填写情况，发现填写不规范及时指出并要求交班行调修改并盖章，发现未结束的故障及时跟踪。
③ 手机第一时间上交，放置规定位置，未按要求及时上交的，发现后按部门绩效考核管理规定考核。

任务评价

根据以上学习内容，评价自己对本任务内容的掌握程度，在下表相应空格里打"√"。

评价内容	差 （60%以下）	合格 （60%~80%）	良好 （80%~90%）	优秀 （90%以上）
对交接班准备技能要求的掌握程度				
对交接班准备的作业流程掌握程度				
学习中存在的问题或感悟				

任务四　交接班事项提醒

相关知识

交接班事项提醒是工作交接中最重要的一项业务活动，是指交接班行调对上一班组当班过程中发生的重点事项及后续重点工作等互相提醒。交接班过程中遇突发事件发生时，由交班调度员负责处理。待突发事件处理告一段落或接班调度员情况清楚，能够接替指挥时，交班调度员方可离开工作岗位。

一、提醒当前所执行的时刻表

交班行调对接班行调提醒当日所执行的时刻表以及当日上线列车情况，包括上线列车车次号与车组号对应情况、备用车和故障列车、工作车在故障列车停留线占用情况等。提醒有关文件，命令，指示执行情况及本班尚未处理完的事宜，下一班的任务重点及安排的意见。

二、提醒施工情况

交班行调对接班行调提醒上一班施工遗留情况、本班施工计划及车场内影响列车出入段/场的施工、接触网供电情况等。

三、提醒故障情况

交班行调对接班行调提醒上一班的故障情况、处理情况以及对后续的影响。

四、其他重要事项、文件通知的交接

交班行调对接班行调提醒领导交班重点事项、本班重点工作及需要跟进的工作。

任务实施

（1）交班行调提醒接班行调当日所执行的时刻表，上线列车情况。
（2）交班行调提醒接班行调施工情况。
（3）交班行调提醒接班行调故障情况和其他重要事项、传阅文件等。
　　交班行调提醒接班行调当日所执行的时刻表，上一班施工情况，上一班接报故障情况以及其他重点事项、文件通知等事项后，接班行调开始下一议程——交接班会议。
（4）注意事项。
① 交班行调将本日应执行的时刻表告知接班行调，重点要素提醒到位；
② 交班行调将上一班组施工情况告知接班行调，特别是重点施工或请销点异常的施工；
③ 交班行调将近期重点工作和领导指示向接班行调传达清楚。

任务评价

根据以上学习内容，评价自己对本任务内容的掌握程度，在下表相应空格里打"√"。

评价内容	差（60%以下）	合格（60%~80%）	良好（80%~90%）	优秀（90%以上）
对交接班事项技能要求的掌握程度				
对交接班事项的作业流程掌握程度				
学习中存在的问题或感悟				

任务五　交接班会议

相关知识

交接班会议是工作交接中最后一项业务活动，是指接班行调和其他调度员在值班主任的组织下，在交接班室对各调度员重点注意事项一一陈述，并做出本班工作任务布置。

一、接班行调汇报当前所执行的时刻表

接班行调在交接班会上汇报当日所执行的时刻表，以及当日上线列车情况，包括上线列车车次号与车组号对应情况、备用车情况等。

二、接班行调汇报施工情况

接班行调汇报上一班施工遗留情况、本班施工计划及车场内影响列车出入段/场的施工、接触网供电情况等。

三、接班行调汇报情况及故障处理情况

接班行调汇报故障情况、处理情况以及对后续的影响。

四、其他重要事项、文件通知的交接

接班行调汇报领导交办重点事项、本班重点工作及需要跟进的工作。

任务实施

（1）接班行调在交接班会议上汇报当日所执行的时刻表、施工情况、设备情况及故障情况等。
（2）接班行调在交接班会议上听取其他调度员汇报交接事项。
（3）接班行调在交接班会上听取值班主任布置本班重点工作内容。
　　接班行调在交接班会议上汇报完当前所执行的时刻表、本班组的施工计划情况、上一班组设备情况及故障情况、其他重要事项和文件通知，来到控制大厅上班，交班行调下班，交接班完成。
（4）注意事项。
① 工作交接时，一定要确定清楚当天所执行的时刻表，注意工作日与休息日以及特殊日期的不同时刻表，注意出车时间点、备用车、故障列车、工作车停放点。

② 在听取其他岗位行调汇报交接重点事项时要认真听，将停送电、故障情况等重点事项进行记录，当班期间加以注意；

③ 认真听取值班主任对当班重点工作的布置，如有异议，在会议上提出，一起讨论，确保当班期间工作的正常开展。

任务评价

根据以上学习内容，评价自己对本任务内容的掌握程度，在下表相应空格里打"√"。

评价内容	差 （60%以下）	合格 （60%~80%）	良好 （80%~90%）	优秀 （90%以上）
对交接班会议技能要求的掌握程度				
对交接班会议的作业流程掌握程度				
学习中存在的问题或感悟				

模块训练

班组：　　　　　　　　姓名：　　　　　　　　训练时间：

任务训练单	工作交接的实操练习
任务目标	掌握交接班事项和行调的工作流程及注意事项
任务训练	训练项目：考勤考核、规范着装、填写行调日志、按目视化标准和要求对会议室和控制大厅进行卫生及纪律等方面的检查、提醒接班行调重点事项、查看当日时刻表及列车上线情况、对新下发的规章文本学习情况、重要文件及通知的交接

任务训练一：
（说明：总结作业流程，并在指挥中心大厅进行实操训练或者上机完成实操训练）

任务训练二：
（说明：总结作业流程，并在指挥中心大厅进行实操训练或者上机完成实操训练）

任务训练的其他说明或建议：

指导老师评语：

任务完成人签字：　　　　　　　　　　　　　日期：　　年　　月　　日
指导老师签字：　　　　　　　　　　　　　　日期：　　年　　月　　日

模块小结

本节主要包括员工考勤和交接班制度,讲述了行调工作交接的操作及工作流程。要掌握这些,首先要掌握工作交接的技能、规章要求等,并按要求独立完成各项作业内容。包括行调的着装及仪容、工作环境;交接班制度:交接内容及注意事项;考勤制度:行调按规定上下班,登录和退出信号系统,不迟到、不早退;熟悉目视化标准相关要求,台账填写正确、工整,无遗漏。本模块培训时长:4课时。

一、填空题

1. 当班人员原则上工作期间不能使用手机,特殊情况下如确有急事需要手机联系时,可经（　　　　）同意后使用。
2. 所交手机必须为其（　　　　）的手机,不得以废旧手机进行替代。
3. 接班调度员应提前（　　　　）min到达所辖线路指挥中心调度大厅。
4. 行调能独立完成交接班登记表的填写,确保交接班事项填写（　　　　）。
5. 行调日志在填写过程中如有错误,应画横线后（　　　　）,再重新填写,不可胡乱涂。

二、选择题

1. 调度员应提前到岗至少（　　　　）了解交班情况。
   A. 5 min B. 10 min C. 15 min D. 20 min
2. 调度人员上班接班前应将手机交由值班主任,由（　　　　）统一存放在指定位置。
   A. 值班主任 B. 行调
   C. 设调（维修） D. 设调（操作）
3. 交班之前,将当日填写页内未完成部分划（　　　　）,以防事后补填现象发生,确保台账填写的严肃性。
   A. 横向 B. 斜线 C. 叉 D. 无
4. 交接班会中,接班行调汇报上一班施工遗留情况、本班施工计划及车场内（　　　　）的施工、接触网供电情况等。
   A. A类 B. B类
   C. 影响列车出入段/场 D. 不影响列车出入段/场
5. 下列不需要交班行调提醒接班行调的是（　　　　）。
   A. 当日所执行的时刻表,上线列车情况 B. 施工情况
   C. 传阅文件 D. 卫生情况

三、判断题

1. 交班行调对接班行调提醒当日所执行的时刻表以及当日上线列车情况,包括上线列车车次号与车组号对应情况、备用车情况等。（　　）
2. 交班行调不需要将上一班组施工情况告知接班行调。（　　）
3. 交接班会中,接班行调汇报上一班施工遗留情况、本班施工计划及车场内影响列车出入段/场的施工、接触网供电情况等。（　　）
4. 交班行调对接班行调提醒上一班的故障情况、处理情况以及对后续的影响。（　　）
5. 工作交接时,可不用确认当天所执行的时刻表。（　　）

四、简答题

1. 需要交班行调提醒接班行调的主要内容。
2. 交接班会议的注意事项。

模块二　乘客服务

案例导学

小安刚从司机转为行调，第一天在上班跟随师傅学习的过程中发现当班行调基本不看《列车时刻表》。那么，行调怎样确认列车是否准点发车？列车在运行过程中，行调怎样监控列车是否晚点？以上问题可以通过学习本模块得到解决。

学习目标

1. 熟练观察《列车运行图》，达到按图行车要求。
2. 了解大屏及行调 HMI 上车次框显示的各项意义。
3. 了解《列车时刻表》。

技能目标

1. 能独立通过观察《列车运行图》来判断列车是否准点发车。
2. 能独立达到按图行车要求。
3. 熟知大屏及行调 HMI 上车次框显示的各项意义。
4. 能独立理解《列车时刻表》。

任务一　观察《列车运行图》

相关知识

《列车运行图》是行车组织工作的基础，凡与列车运行有关的各部门都必须根据《列车运行图》的要求组织本部门的工作。

一、《列车运行图》的基本含义

（1）《列车运行图》中，点击编表，查看当日执行的时刻表。

（2）在《列车运行图》中，左方纵向坐标为时间显示，横向的绿色线为时间轴，随着时间推移会自动推动。每一个小的方格对应时间为60 s。上下两侧，横向坐标为对应车站。

（3）《列车运行图》左右有对应车次显示，最左方方框内为车站名、车次、到点、发点、旅时、旅速的显示。

（4）《列车运行图》上一般情况下显示两种颜色的条线。灰色线条代表的是当天的计划线，红色线条代表的是当天的实际线（见图2-1）。

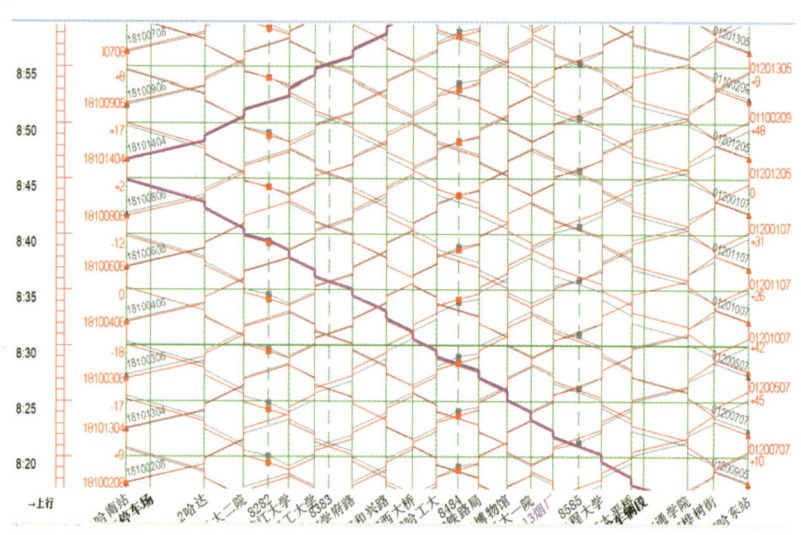

图 2-1 列车运行图

（5）以1号线为例，哈东站至哈南站为下行线。反之，哈南站至哈东站为上行线。

（6）当鼠标选中一条实际线或计划线时，线条会变为粗条粉红线，同时最左侧方框内，会显示该次列车对应的车站名、车次、到点、发点、旅时、旅速。

二、通过观察《列车运行图》判断列车是否准点

列车准点运行时，计划线与实际线相重合。如图2-2所示，各次列车准点运行。

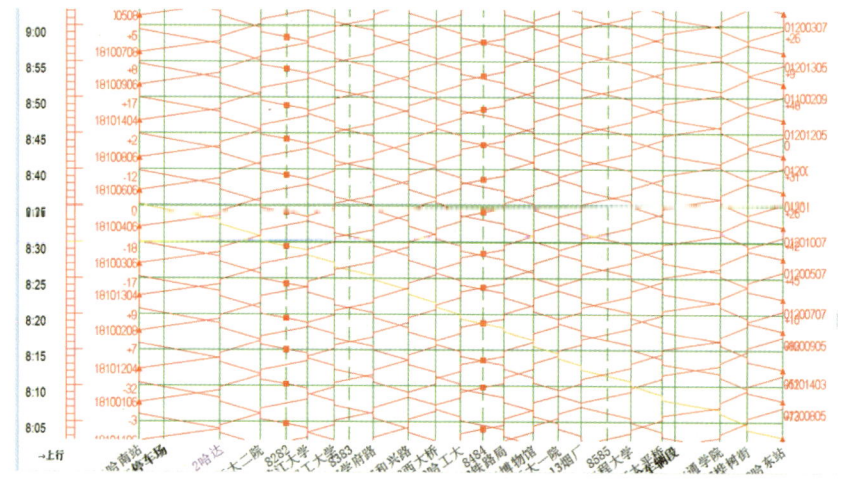

图 2-2 列车准点判断

（2）当列车出现晚点，00507次从桦树街站发车起，实际线向上偏离了计划线，如晚点超过30 s，行调应及时通知司机，确保准点运行，如图2-3所示。

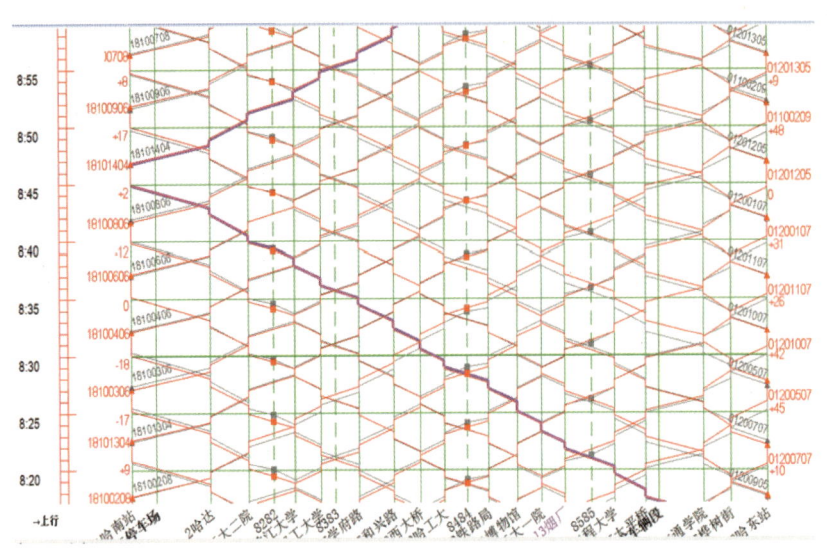

图 2-3　列车晚点

三、如早点或早发过多及时通知司机并进行行车调整

根据《列车运行图》正点发车。

（1）当列车到达终点站时，根据《列车运行图》上的时间显示，提醒司机准点发车。注意：尤其重要的是加强对首末班车发车时间的盯控，做到首班车不晚发，末班车不早发。

（2）当遇到列车早发或晚发时，及时提醒司机，或进行相应的行车调整。

四、根据《列车运行图》保证列车到达各车站行车间隔

列车实际线与计划线偏离过多时，晚点超过120 s，与后续列车行车间隔缩小，行调可通过组织前、后各次列车采用延长停站时分的方式，将行车间隔拉平均。

任务实施

（1）在日常工作中，应加强对运行图的监控，发现列车出现延误或早点，及时进行相应调整。

（2）确保列车准点，做好乘客服务，避免相关乘客投诉。

（3）进行行车调整时，注意方式方法，避免人为造成晚点。

（4）注意事项。

① 两台HMI显示屏要一台处于正线情况显示模式，另一台处于运行图实时模式，以方便监控列车正晚点情况。

② 遇到晚点，第一时间通知车站做好乘客服务。

③ 设备故障情况下，及时做好行车调整，避免出现人为原因造成的晚点，保障正线正常运营。

任务评价

根据以上学习内容，评价自己对本任务内容的掌握程度，在下表相应空格里打"√"。

评价内容	差 （60%以下）	合格 （60%~80%）	良好 （80%~90%）	优秀 （90%以上）
对《列车运行图》的认识				
对《列车运行图》的熟练程度				
学习中存在的问题或感悟				

任务二 车次框显示的基本意义

相关知识

车次框的显示，包含了服务号，序列号、目的地码以及是否晚点或早点等信息。

一、车次框的基本含义

（1）电客车车次：电客车车次号为8位数，前3位为目的地码，中间3位为服务号，后2位为序列号。

（2）目的地码：代表目的地位置，由3位数字组成。

（3）服务号：系统对正线列车的辨认，在一天的服务中保持不变，回段（场）后再出段（场），服务号将重新分配，服务号由3位数字组成。

（4）序列号：按列车运行顺序及方向顺序编制，上行为偶数，下行为奇数，序列号由两位数字组成。

图2-4中，车次框边框显示为黄色，这表示该次列车正点运行。（早、晚点不超过15 s）

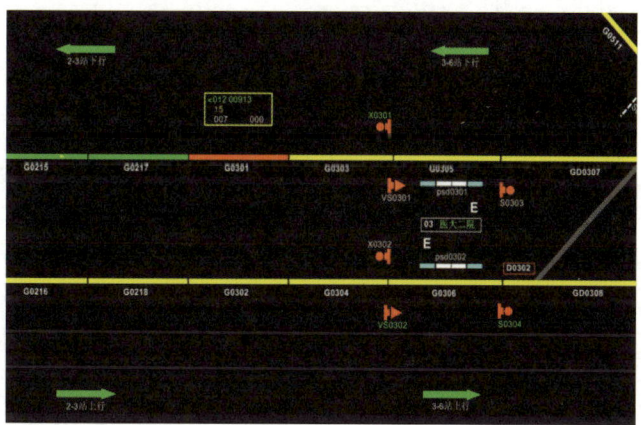

图2-4 列车正点

车次框边框显示紫色,表示列车晚点 15~120 s,应加强对该次列车的盯控。如晚点过多,通知司机并进行相应的行车调整。

车次框边框显示绿色。表示列车早点 15~120 s,如司机未比照时刻表准点发车,及时通知司机并进行相应行车调整。

车次框边框显示红色,表示列车晚点 120 s 以上,通知司机并进行相应行车调整,通知相关车站做好乘客服务。防止列车终到晚点。

车次框边框显示蓝色,表示列车早点 120 s 以上,通知司机并进行相应行车调整,通知相关车站做好乘客服务。防止列车终到早点。

任务实施

(1)在盯控《列车运行图》的同时,加强对大屏及行调 HMI 的监控。

(2)通过车次框的显示发现有列车早点或晚点,及时在《列车运行图》上查看相应车次,确认早点或晚点时间,及时采取相应措施。

(3)注意事项。

① 加强对大屏的盯控,注意全线行车间隔、线路设备状态,特别是道岔、折返线等重点咽喉区域的状态。

② 注意列车车次框,通过车次框颜色变化结合运行图实施情况,判断列车正晚点情况,及时进行调整。

任务评价

根据以上学习内容,评价自己对本任务内容的掌握程度,在下表相应空格里打"√"。

评价内容	差 (60%以下)	合格 (60%~80%)	良好 (80%~90%)	优秀 (90%以上)
对车次框显示的认识				
对车次框显示的熟悉度				
学习中存在的问题或感悟				

任务三 了解《列车时刻表》

相关知识

行调在正常工作中,遵循按图行车的基本要求。当《列车运行图》无法显示或出现相关故障时,可对照《列车时刻表》与正线司机核对发车时间。

《列车时刻表》的基本含义(见图 2-5)。

哈尔滨地铁一号线（GC14-01）

01005	00505	00705	00903	01401	00803	00603	00403	TrainID	181	181	181	181	181	181	181
7:23:28	7:18:37	7:13:31	7:08:50		7:00:03	6:55:12	6:49:51	哈东站	7:31:50	7:36:41	7:41:32	7:46:23	7:51:14	7:56:05	8:00:56 / 8:05:47
7:24:34 / 7:25:09	7:19:43 / 7:20:18	7:14:37 / 7:15:12	7:09:56 / 7:10:31		7:01:09 / 7:01:44	6:56:18 / 6:56:53	6:50:57 / 6:51:32	桦树街	7:30:19 / 7:29:44	7:35:10 / 7:34:35	7:40:01 / 7:39:26	7:44:52 / 7:44:17	7:49:43 / 7:49:08	7:54:34 / 7:53:59	7:59:25 / 7:58:50	8:04:16 / 8:03:41
7:26:16 / 7:26:51	7:21:25 / 7:22:00	7:16:19 / 7:16:54	7:11:38 / 7:12:18		7:02:51 / 7:03:26	6:58:00 / 6:58:35	6:52:39 / 6:53:14	交通学院	7:28:35 / 7:28:00	7:33:26 / 7:32:51	7:38:17 / 7:37:42	7:43:08 / 7:42:33	7:47:59 / 7:47:24	7:52:50 / 7:52:15	7:57:41 / 7:57:06	8:02:32 / 8:01:57
				▼ 7:07:29				太平桥车辆段								
7:28:11 / 7:28:51	7:23:20 / 7:24:00	7:18:14 / 7:18:54	7:13:38 / 7:14:23	7:09:29 / 7:10:09	7:04:46 / 7:05:26	6:59:55 / 7:00:35	6:54:34 / 6:55:14	太平桥	7:26:47 / 7:26:07	7:31:38 / 7:30:58	7:36:29 / 7:35:49	7:41:20 / 7:40:40	7:46:11 / 7:45:31	7:51:02 / 7:50:22	7:55:53 / 7:55:13	8:00:44 / 8:00:04
7:30:16 / 7:30:56	7:25:25 / 7:26:05	7:20:19 / 7:20:59	7:15:48 / 7:16:28	7:11:34 / 7:12:14	7:06:51 / 7:07:31	7:02:00 / 7:02:40	6:56:39 / 6:57:19	工程大学	7:24:49 / 7:24:09	7:29:40 / 7:29:00	7:34:31 / 7:33:51	7:39:22 / 7:38:42	7:44:13 / 7:43:33	7:49:04 / 7:48:24	7:53:55 / 7:53:15	7:58:46 / 7:58:06
7:32:28 / 7:33:03	7:27:37 / 7:28:12	7:22:31 / 7:23:06	7:18:00 / 7:18:40	7:13:46 / 7:14:21	7:09:03 / 7:09:38	7:04:12 / 7:04:47	6:58:51 / 6:59:26	烟厂	7:22:37 / 7:22:02	7:27:28 / 7:26:53	7:32:19 / 7:31:44	7:37:10 / 7:36:35	7:42:01 / 7:41:26	7:46:52 / 7:46:17	7:51:43 / 7:51:08	7:56:34 / 7:55:59
7:34:00 / 7:34:45	7:29:09 / 7:29:54	7:24:03 / 7:24:48	7:19:37 / 7:20:22	7:15:35 / 7:16:03	7:10:35 / 7:11:20	7:05:44 / 7:06:29	7:00:23 / 7:01:08	哈大一线	7:21:04 / 7:20:19	7:25:55 / 7:25:10	7:30:46 / 7:30:01	7:35:37 / 7:34:52	7:40:28 / 7:39:43	7:45:19 / 7:44:34	7:50:10 / 7:49:25	7:55:01 / 7:54:16
7:35:46 / 7:36:36	7:30:55 / 7:31:45	7:25:49 / 7:26:39	7:21:23 / 7:22:13	7:17:04 / 7:17:54	7:12:21 / 7:13:11	7:07:30 / 7:08:20	7:02:09 / 7:02:59	烛塘路	7:19:17 / 7:18:27	7:24:08 / 7:23:18	7:28:59 / 7:28:09	7:33:50 / 7:33:00	7:38:41 / 7:37:51	7:43:32 / 7:42:42	7:48:23 / 7:47:33	7:53:14 / 7:52:24
7:37:47 / 7:38:27	7:32:56 / 7:33:36	7:27:50 / 7:28:30	7:23:24 / 7:24:04	7:19:05 / 7:19:45	7:14:22 / 7:15:02	7:09:31 / 7:10:11	7:04:10 / 7:04:50	铁路局	7:17:15 / 7:16:35	7:22:06 / 7:21:26	7:26:57 / 7:26:17	7:31:48 / 7:31:08	7:36:39 / 7:35:59	7:41:30 / 7:40:50	7:46:21 / 7:45:41	7:51:12 / 7:50:32
7:39:39 / 7:40:14	7:34:48 / 7:35:23	7:29:42 / 7:30:17	7:25:16 / 7:25:56	7:20:57 / 7:21:32	7:16:14 / 7:16:49	7:11:23 / 7:11:58	7:06:02 / 7:06:37	哈工大	7:15:19 / 7:14:44	7:20:10 / 7:19:35	7:25:01 / 7:24:26	7:29:52 / 7:29:17	7:34:43 / 7:34:08	7:39:34 / 7:38:59	7:44:25 / 7:43:50	7:49:16 / 7:48:41
7:41:16 / 7:41:56	7:36:25 / 7:37:05	7:31:19 / 7:31:59	7:26:58 / 7:27:38	7:22:34 / 7:23:14	7:17:51 / 7:18:31	7:13:00 / 7:13:40	7:07:39 / 7:08:19	西大桥	7:13:42 / 7:13:07	7:18:33 / 7:17:53	7:23:24 / 7:22:44	7:28:15 / 7:27:35	7:33:06 / 7:32:26	7:37:57 / 7:37:17	7:42:48 / 7:42:08	7:47:39 / 7:46:59
7:43:03 / 7:43:43	7:38:12 / 7:38:52	7:33:06 / 7:33:46	7:28:45 / 7:29:25	7:24:21 / 7:25:01	7:19:38 / 7:20:18	7:14:47 / 7:15:27	7:09:26 / 7:10:06	和兴路	7:11:54 / 7:11:14	7:16:45 / 7:16:05	7:21:36 / 7:20:56	7:26:27 / 7:25:47	7:31:18 / 7:30:38	7:36:09 / 7:35:29	7:41:00 / 7:40:20	7:45:51 / 7:45:11
7:45:09 / 7:45:44	7:40:18 / 7:40:53	7:35:12 / 7:35:47	7:30:51 / 7:31:26	7:26:27 / 7:27:02	7:21:44 / 7:22:19	7:16:53 / 7:17:28	7:11:32 / 7:12:07	学府路	7:09:47 / 7:09:12	7:14:38 / 7:14:03	7:19:29 / 7:18:54	7:24:20 / 7:23:45	7:29:11 / 7:28:36	7:34:02 / 7:33:27	7:38:53 / 7:38:18	7:43:44 / 7:43:09
7:46:52 / 7:47:27	7:42:01 / 7:42:36	7:36:55 / 7:37:30	7:32:34 / 7:33:24	7:28:10 / 7:28:45	7:23:27 / 7:24:02	7:18:36 / 7:19:11	7:13:15 / 7:13:50	理工大学	7:08:06 / 7:07:31	7:12:57 / 7:12:22	7:17:48 / 7:17:13	7:22:39 / 7:22:04	7:27:30 / 7:26:55	7:32:21 / 7:31:46	7:37:12 / 7:36:37	7:42:03 / 7:41:28
7:48:34 / 7:49:14	7:43:43 / 7:44:23	7:38:37 / 7:39:17	7:34:31 / 7:35:11	7:29:47 / 7:30:32	7:25:09 / 7:25:49	7:20:18 / 7:20:58	7:14:57 / 7:15:37	黑龙江大学	7:05:45 / 7:10:36	7:11:16 / 7:10:36	7:16:07 / 7:15:27	7:20:58 / 7:20:18	7:25:49 / 7:25:09	7:30:40 / 7:30:00	7:35:31 / 7:34:51	7:40:22 / 7:39:42
7:50:36 / 7:51:11	7:45:45 / 7:46:20	7:40:39 / 7:41:14	7:36:33 / 7:37:18	7:31:50 / 7:32:25	7:27:11 / 7:27:46	7:22:20 / 7:22:55	7:16:59 / 7:17:34	哈大二线	7:04:29 / 7:04:45	7:09:20 / 7:08:45	7:14:11 / 7:13:36	7:19:02 / 7:18:27	7:23:53 / 7:23:18	7:28:44 / 7:28:09	7:33:35 / 7:33:00	7:38:26 / 7:37:51
7:53:01 / 7:53:31	7:48:10 / 7:48:40	7:43:04 / 7:43:34	7:39:08 / 7:39:38	7:34:15 / 7:34:45	7:29:36 / 7:30:06	7:24:45 / 7:25:15	7:19:24 / 7:19:54	哈达	7:02:13 / 7:01:43	7:07:04 / 7:06:34	7:11:55 / 7:11:25	7:16:46 / 7:16:16	7:21:37 / 7:21:07	7:26:28 / 7:25:58	7:31:19 / 7:30:49	7:36:10 / 7:35:40
7:55:33	7:50:42	7:45:36	7:41:40	7:36:47	7:32:08	7:27:17	7:21:56	哈南站	7:00:03	7:04:54	7:09:45	7:14:36	7:19:27	7:24:18	7:29:09	7:34:00
012	012	011	012	012	012	012	012	TrainID	00104	01202	00208	01302	00304	00404	00604	00804
00:04:51	00:05:06	00:04:41	00:04:09	00:04:43	00:04:51	00:05:21	00:04:21	行车间隔	00:05:56	00:04:51	00:04:51	00:04:51	00:04:51	00:04:51	00:04:51	00:04:51

图 2-5 列车时刻表

（1）中间黄色部分为车站（段/场）名。
（2）左侧为下行线时刻表，最上方红色数字为车次（下行单数），最下方一栏为行车间隔。
（3）右侧为上行线时刻表，车次显示在下方（上行双数），最下方为行车间隔。
（4）每次列车每个站对应有两个时间，以下行线为例，上方时间为列车到达该站的时间，下方时间为从该站发车的时间。上行线反之。
（5）在太平桥车辆段对应的空格内有一黑色箭头和一个单一时间，代表该车次为太平桥车辆段出场车，单一时间代表从转换轨发车时间。以 01401 次为例，太平桥车辆段出场后，运行至太平桥下行，由下行线开往哈南站。
（6）哈东、哈南站为站前折返，所以上下行线只有单一到达时间。发车时间应按照车次序列号加 1 查找，以 01401 次为例，到达哈南站时间为 7：36：47，那发车时间应看右侧上行线时刻表中 01402 次哈南上行发车时间。

注意：《列车时刻表》只能作为辅助工具，作为行调应遵循按图行车的基本原则。

任务实施

（1）列车折返后发车时间的查询方法。
（2）车辆段（场）出车的时刻表查询方法。

注意事项

（1）注意折返列车发车时间，对早点或晚点的列车及时提醒司机，要求其比照时刻表发车。
（2）早上列车出车时密切注意发车时间点和后续出场车出场情况，保证首班车不晚点，高峰列车出场时注意与正线列车间隔的时间关系,严格按照时刻表行车。

(3)晚上收车注意出入段(场)线路道岔情况,高峰列车回场时,注意不影响正线正常运行的载客列车。

任务评价

根据以上学习内容,评价自己对本任务内容的掌握程度,在下表相应空格里打"√"。

评价内容	差 (60%以下)	合格 (60%~80%)	良好 (80%~90%)	优秀 (90%以上)
对《列车时刻表》的认识				
对《列车时刻表》的熟练程度				
学习中存在的问题或感悟				

模块训练

班组：　　　　　　　　姓名：　　　　　　　　训练时间：

任务训练单	乘客服务的实操练习
任务目标	掌握观察《列车运行图》、车次框显示的基本意义，了解《列车时刻表》、运营应急信息的分类、运营应急信息上报的规范及发布管理的相关规定的相关内容及注意事项
任务训练	请从下列任务中选择其中两个进行训练：观察《列车运行图》、车次框显示的基本意义、了解《列车时刻表》、运营应急信息分类、运营应急信息上报的规范及发布管理的相关规定
任务训练一： （说明：总结作业流程，并在指挥中心大厅进行实操训练或者上机完成实操训练）	
任务训练二： （说明：总结作业流程，并在指挥中心大厅进行实操训练或者上机完成实操训练）	
任务训练的其他说明或建议：	
指导老师评语：	
任务完成人签字：　　　　　　　　　　　　日期：　　年　　月　　日	
指导老师签字：　　　　　　　　　　　　　日期：　　年　　月　　日	

 模块小结

本模块主要包括观察《列车运行图》、车次框显示的基本意义、了解《列车时刻表》、运营应急信息的分类等乘客服务相关内容，并按要求独立完成各项作业内容。

乘客服务是行调日常工作的重要组成部分之一，也是哈尔滨地铁对乘客"服务至上"理念的传承。本模块培训时长：3课时。

 模块自测

一、填空题

1. （　　　　）是行车组织工作的基础，凡与列车运行有关的各部门都必须根据其要求组织本部门的工作。

2. 在《列车运行图》中，左方纵向坐标为（　　　　）显示，横向坐标为对应车站。

3. 《列车运行图》上一般情况下显示两种颜色的条线。灰色线条代表的是当天的计划线，红色线条代表的是当天的（　　　　）。

4. 车次框边框显示紫色，表示列车（　　　　），应加强对该次列车的盯控。如晚点过多，通知司机并进行相应行车调整。

5. 当《列车运行图》无法显示或出现相关故障时，可对照（　　　　）与正线司机核对发车时间。

二、选择题

1. 在《列车运行图》中，左方纵向坐标为时间显示，横向的绿色线为时间轴，随着时间推移会自动推动。每一个小的方格对应时间为（　　）。
   A. 30 s　　　　B. 60 s　　　　C. 90 s　　　　D. 120 s

2. 目的地码代表目的地位置，由（　　）位数字组成。
   A. 1　　　　B. 2　　　　C. 3　　　　D. 4

3. 车次框边框显示绿色，表示列车（　　）。
   A. 早点 120 s 以上　　　　B. 早点 15 ~ 120 s
   C. 晚点 15 ~ 120 s　　　　D. 晚点 120 s 以上

4. 上行列车车次号的序列号为（　　）
   A. 奇数　　　　B. 偶数　　　　C. 质数　　　　D. 合数

5. 车次框边框显示红色，表示列车（　　）。
   A. 早点 120 s 以上　　　　B. 早点 15 ~ 120 s
   C. 晚点 15 ~ 120 s　　　　D. 晚点 120 s 以上

三、判断题

1. 电客车车次号为 7 位数，前 3 位为目的地码，中间 2 位为服务号，后 2 位为序列号。(   )
2. 序列号：按列车运行顺序及方向顺序编制，上行为奇数，下行为偶数，序列号由 2 位数字组成。(   )
3. 列车实际线与计划线偏离过多时，行调不需要通过人工干预调整行车间隔。(   )
4. 晚上收车注意出入段（场）线路道岔情况，高峰列车回场时，注意不影响正线正常运行的载客列车。(   )
5. 在《列车运行图》中，左方纵向坐标为时间显示，横向的绿色线为时间轴，随着时间推移会自动推动。每一个小的方格对应时间为 50 s。(   )

四、简答题

车次框颜色的基本含义。

模块三　行车组织/指挥

案例导学

刚刚大学毕业的小安，来到哈尔滨地铁，成为一名行调学员，刚进指挥中心大厅，他觉得这里的工作人员表情都非常认真，工作都非常专注。随之，他也迎来了一位行调师傅，在跟岗的初期，对于师傅处理的很多事情、操作的很多设备和填写的台账，他都觉得一头雾水，"施工结束后怎么做运营前检查？""列车出入段（场）怎么组织""怎么让列车按图行车？""怎么对列车运行实时监控？"

那么，行调的行车组织/指挥主要分为哪几类？运营线上的施工作业为什么要严格实行"登记"与"注销"制度？以上问题，可以通过学习本模块得到解决。

学习目标

1. 掌握运营前准备工作流程，并能按照要求完成作业内容。
2. 掌握列车出入段（场）工作流程，并能按照要求完成作业内容。
3. 熟悉列车按图行车所必须掌握的工作内容，并能按照要求完成作业内容。
4. 掌握列车实时监控的工作内容，并能按照要求完成作业内容。

技能目标

1. 能根据《轨行区施工登记本》检查当班期间所有施工及调试作业是否完毕，并已销点。
2. 能与车站确认信号机、道岔功能正常，站台无异物侵入限界，站台门功能正常。
3. 能确认正线施工结束、线路出清、接触网带电，《运营前准备工作检查记录表》上已向车站进行运营前检查后，通知场调正线具备接车条件，并告知正线接触网带电情况。
4. 能根据场调提供的出车计划核对出场列车车组号是否正确。
5. 能严格按照《时刻表执行说明》指挥行车，按时组织列车进入正线/转换轨，到达规定位置。
6. 能提供 HMI 显示屏监控列车运行图实际情况。
7. 能参照列车运行图及时刻表指挥行车。
8. 能对列车运营情况实时监控。
9. 能对设施设备运转情况实时监控。
10. 能对客流情况实时监控。

任务一　运营前检查

相关知识

首先我们要知道"运营线上的施工作业为什么要严格实行'登记'与'注销'制度"？在运营线上进行的各种施工是利用运行图规定的间隔时段，属于一种边运营边施工作业的模式，这种模式存在一定的安全风险。一是施工作业均在列车停运后的夜间进行；二是间隔时间较短，一般视列车营运时间为 4~5 h，如北京地铁仅为 3.5 h；三是全部施工作业必须在行调指定的时间段范围内完成，不允许有任何影响列车营运的问题存在，包括施工质量，施工结束人走场清情况。为此，行车调度员和车控室行车值班员要严格执行对施工作业入洞人员与施工工具设备、物品等进行登记的制度，和在施工结束后到指定地点办理施工注销制度，特别对异地注销更要严格把控，方能确保施工作业后次日的列车运营不发生任何安全问题。

地铁正式运营前，行调对全线夜间进入隧道线路的施工作业情况及撤出作业现场的人、物等情况和设备设施、车站信号机、道岔、站台有无异物侵入限界和人员到岗情况等进行检查，以保障地铁正常运营。当班行车调度员需在运营开始前 30 min 完成对设施设备的确认工作，并填写《运营前准备工作检查记录表》并签字确认（见图 3-1）。运营前准备工作检查记录表是在每日运营开始前由当班行车调度员对线路的相关运营设施设备状态检查确认后进行填记。各部门向行调汇报完相关检查内容后，需报告汇报人姓名。

运营前准备工作检查记录表

检查时间：　年　月　日　时　分　　　时刻表：　　　　当值行调：

项目 车站	应到岗人数	实到岗人数	LOW正常	线路出清	安全门	轨旁设备	接触网	广告灯箱	其他行车设备	备注
新疆大街站										
渤海路站										
镜泊路站										
瓦盆窑站										
同江路站										
哈南站										
哈达站										
医大二院站										
黑龙江大学站										
理工大学站										
学府路站										
和兴路站										
西大桥站										
哈工大站										
铁路局站										
博物馆站										
医大一院站										
烟厂站										
工程大学站										
太平桥站										
交通学院站										
桦树街站										
哈东站										
车辆段车场调度										
车辆段信号楼值班员										
车辆段派班室										
停车场车场调度										
停车场信号楼值班员										
停车场派班室										

图 3-1　运营前准备工作检查记录表

各部门向行调汇报完相关检查内容后,需报告汇报人姓名。

早运营检查时,行调需向各部门核对中央时间及当日执行时刻表情况。

(1)行调对设备设施的检查。

对行调操作台设备(HMI、无线调度台,有线调度台、监控系统、办公电话)功能进行检查,确保设备在运营时正常使用。

正式运营前,应安排压道车限速压道,以检查线路有无异物侵限,道岔、信号设备是否正常,接触网无异物,站台门开闭情况。

(2)车站对设备设施检查。

车站在运营前确认 LOW 机正常、线路出清、站台门、轨旁设备、接触网、广告灯箱等设备正常。

(3)场调对车辆段(场)道岔、信号机等设备设施进行检查,确保列车正常出库上线运行。

(4)各部门向行调汇报完相关检查内容后,需报告汇报人姓名。

(5)在运营检查时,行调需向各部门核对中央时间及当日执行时刻表情况。

任务实施

(1)根据《轨行区施工登记本》检查当晚所有施工及调试作业是否完毕,并已销点。

(2)确认当晚施工结束后接触网带电情况。

(3)行调与全线车站确认早运营检查内容无异常。

(4)行调与场调、信号楼、派班员确认早运营检查内容无异常。

(5)行调向各部门核对中央时间及当日执行时刻表情况。

任务评价

根据以上学习内容,评价自己对本任务内容的掌握程度,在下表相应空格里打"√"。

评价内容	差 (60%以下)	合格 (60%~80%)	良好 (80%~90%)	优秀 (90%以上)
对运营前检查技能要求的掌握程度				
对运营前检查的作用流程掌握程度				
学习中存在的问题或感悟				

任务二 列车出入场

相关知识

为了地铁的正常运营、车辆检修、列车行车间隔、夜间施工等需要、需从车辆段/停车场组织列车出场与入场。

一、列车出场

(1) 行调确认正线施工结束、线路出清、接触网带电且送电通知已发布,《运营前准备工作检查表》上记录已对车站及车场进行运营前检查,通知车场调度可以发车。并告知转换轨具备接车条件。

(2) 行调严格按照《运营时刻表》指挥行车,按时组织列车进入正线,到达指定位置。

(3) 列车运行至转换轨位置时,司机应停车转换手持台和车载无线台至正线频道,司机呼叫行调,行调测试车载台的通话功能,行调与司机核对车底及车次号是否正确。

(4) 目前,三号线一期电客车的运行进路原则上由行调在中央信号设备上提前排列。在穿插列车出段/场时,行调需提前扣停相关列车,严格按照时刻表及时组织列车按图出段/场。

(5) 遇行车计划临时调整需变更出段/场进路时,行调应及时将进路安排、车次安排、投入服务的车站告知司机及相关车站。

(6) 行调根据车场调度提供的《车辆运营日计划》核对出段/场的列车车底是否正确。

二、列车入场

(1) 列车回段/场前,行调与车辆段/场调度确认车辆段/场能否接车(见图3-2)。

(2) 行调应按照《运营时刻表》组织列车回段/场,做好列车回段/场安排。

(3) 遇行车计划临时调整需变更回段/场车次提前通知车站、车辆段/场及司机。

(4) 应及时进行手动删除列车回场后的遗留车次号。

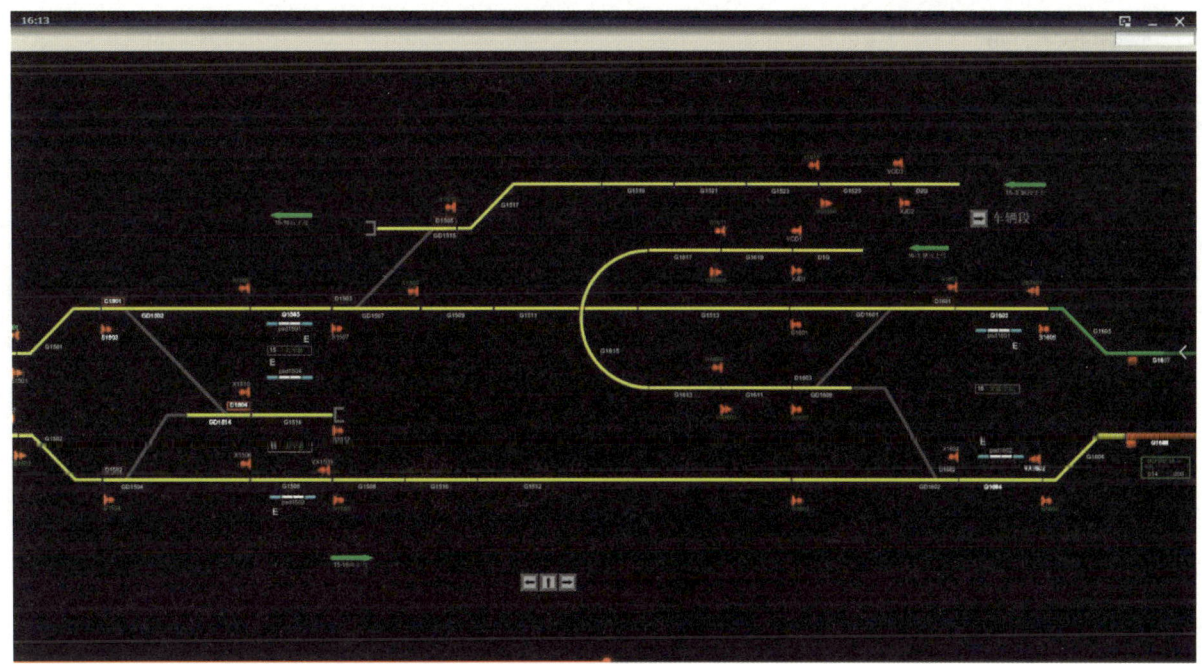

图 3-2 列车入场

任务评价

根据以上学习内容，评价自己对本任务内容的掌握程度，在下表相应空格里打"√"。

评价内容	差 （60%以下）	合格 （60%~80%）	良好 （80%~90%）	优秀 （90%以上）
对列车出入场技能要求的掌握程度				
对列车出入场的作用流程掌握程度				
学习中存在的问题或感悟				

任务三　列车按图行车

相关知识

列车运行图是列车运行时间与空间关系的图解，是表示各次列车在各区间运行时分及在各站停车或通过状态的二维线条图，是行车组织的工作基础。

（1）通过 HMI 显示屏监控列车运行图实际情况。
（2）参照列车运行图及时刻表运作说明指挥行车。
（3）保证列车准点发车。

任务实施

（1）行调通过列车运行实际图查看列车是否按图行车（见图 3-3）。

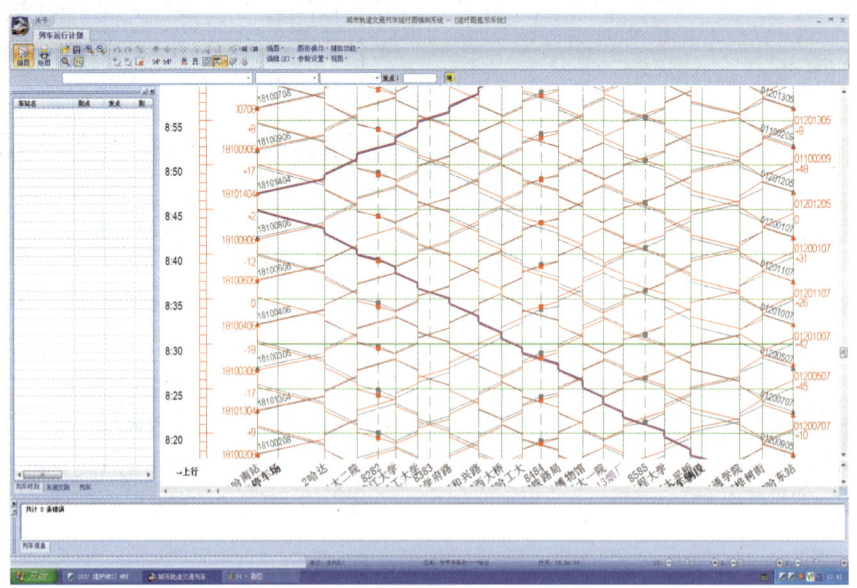

图 3-3　列车运行图

（2）行调可通过 HMI 监控正线列车运行（见图 3-4）。

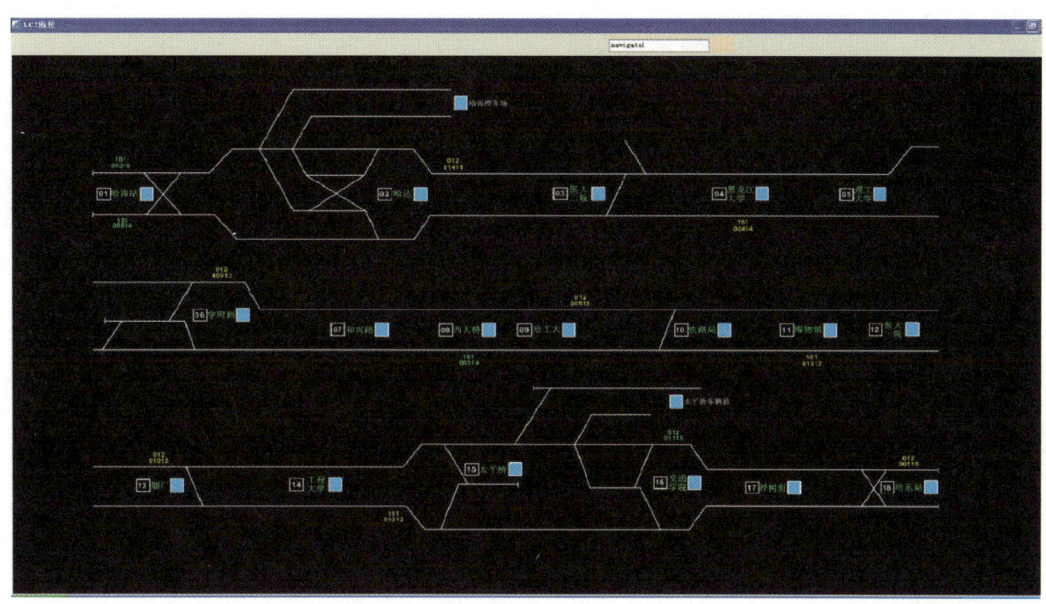

图 3-4　正线总览

（3）按图运营调整。

当列车早点时，行调通过组织列车多停、限速、晚发等方式进行调整。

当列车晚点时，行调通过组织列车缩短站停时间，备用车替开等行车调整方式保障列车按图行车。

（4）运营指标统计方法说明。

① 计划列次：当日计划列次按图定载客列次填写。但是计划性抽线列次应扣除（如 9 月 26 日 10：30 开通前的列次）。

② 计划列次月累计：自当月第一日逐天累计。

③ 实际列次：当日实际列次按 ATS 实际运行图所画的载客列次填写（实际运行图中的上下行列次分别查找后相加）。当日加开的载客列次不计算在内。

④ 加开列次：当日加开的载客列次。加开的空载列次不计算在内。

⑤ 准点列次 = 实际列次 – 终到早点列次 – 终到晚点列次。终到比图定早 ≥ 120 s 为终到早点列车。终到比图定晚 ≥ 120 s 为终到晚点列车。不计算空载列车的早、晚点情况。不计算加开的载客列车的早、晚点情况。

⑥ 晚点列次：当日按 ATS 实际运行图标注的比图定晚 ≥ 120 s（图上显示为：+120）的载客列次。因一件事情导致多列车晚点的，按一列最大晚点进行统计。

⑦ 救援列次：当日载客期间，救援列车开行列次。

⑧ 下线列次：当日载客期间，因车辆故障退出服务至存车线或车辆段的列次。

⑨ 清客列次（故障清客）：当日载客期间，故障列车清客列次。

⑩ 清客列次（运营调整）：当日载客期间，担当救援任务的列车清客列次、因火灾等突发事件清客列次。

⑪ 工程列次：统计期内工程列车开行列次。

⑫ 调试列车列次：统计期内调试列车开行列次。

任务评价

根据以上学习内容，评价自己对本任务内容的掌握程度，在下表相应空格里打"√"。

评价内容	差（60%以下）	合格（60%~80%）	良好（80%~90%）	优秀（90%以上）
对列车按图行车技能要求的掌握程度				
对列车按图行车的作业流程掌握程度				
学习中存在的问题或感悟				

任务四　列车运行实时监控

行调在日常当班过程中要对正线上的列车运行实时监控，包括线路信息、车辆实时信息、进路排列、信号机开放状态信息和重点车站客流信息等。

（1）对列车运营情况实时监控。
（2）对设备设施运转情况实时监控。
（3）对客流情况实时监控。
（4）对车站情况实时监控。

任务实施

（1）行调在日常当班过程中对列车运营情况实时监控，发现故障或列车运行时刻偏离运行图计划时，行调及时做好故障通报和列车调整工作。

（2）行调日常对设施设备的运转情况实时监控，包括 HMI、有线/无线调度台、OCC 监控大屏等。

（3）行调日常通过 CCTV（闭路电视）的监控（见图 3-5）对车站客流情况进行实时监控，如发现车站大客流，采用及时调整列车运行，组织备用车等方式缓解客流压力。并指挥大客流关联车站加强客流组织措施，确保列车运行安全和客运组织安全。

图 3-5　CCTV 监控

任务评价

根据以上学习内容，评价自己对本任务内容的掌握程度，在下表相应空格里打"√"。

评价内容	差（60%以下）	合格（60%~80%）	良好（80%~90%）	优秀（90%以上）
对列车运行实时监控技能要求的掌握程度				
对列车运行实时监控的作业流程掌握程度				
学习中存在的问题或感悟				

任务五　技术设备

相关知识

调度岗位是地铁指挥的核心，调度人员需掌握地铁普遍的技术设备，技术设备包括：限界、线路、车站、车辆段、通信、信号、供电、站台门、电客车等基础知识。

一、限　界

一切建筑物，在任何情况下，不得侵入地铁建筑限界；一切设备，在任何情况下，不得侵入地铁设备限界；机车、车辆无论空、重状态，均不得超出机车、车辆限界。

站台边缘至线路中心线的水平距离为 1 500（+10）mm；站台高度（距轨面）为 1 050（-10）mm；站台门滑动门门框边缘（轨道侧）至线路中心线的水平距离为 1 575（+5）mm；站台门门槛边缘（含防踏空板）至线路中心线的水平距离为 1 460（+10）mm。

二、线　路

哈尔滨地铁线路分为正线、辅助线、车场线。辅助线包括存车线、渡线、安全线、出段线、入段线、出场线、入场线等。

三、钢轨及道岔

（1）正线、辅助线及太平桥车辆段试车线采用 60 kg/m 钢轨，车场线采用 50 kg/m 钢轨，均为标准轨距 1 435 mm。

（2）正线、辅助线及太平桥车辆段试车线采用 9 号道岔，侧向允许通过速度为 35 km/h（铁路局站、烟厂站 3.4 m 间距单渡线道岔侧向允许通过速度为 15 km/h）。车场线采用 7 号道岔，侧向允许通过速度为 25 km/h。

四、车　站

（一）车站的构成

哈尔滨地铁全线车站均为地下车站，主体结构主要由站厅层、设备层、站台层构成。车站均为地下二层/三成车站。例如：西大桥站、铁路局站、博物馆站、医大一院站为地下三层车站，哈南站、哈达站等车站为地下二层车站。

（二）车站站界

无道岔车站以头端的出站信号机及尾端端墙作为车站与区间的分界。

有道岔车站以有岔端的最外方道岔防护信号机及无岔端的出站信号机或尾端端墙作为车站与区间的分界，尽头线以车挡为界。

五、车 辆 段

太平桥车辆段经由出/入段线分别与太平桥站及交通学院站接轨，与正线分界以 XJD1、XJD2 进段信号机为界限。

太平桥车辆段内设运用组合库、检修组合库、内燃调机及特种车库，均为尽端式车库。

太平桥车辆段内线路按作业目的、功能分为：运用线，包括牵出线、洗车线、机走线、机待线、试车线、停车列检线；检修线，包括镟轮线、定修线、临修线、厂架修线、月检线、静调线、内燃调车机及特种车线；其他线，包括材料线、平板车线等。试车线有效长 1 220 m。

六、通　信

通信系统主要包括传输系统、电源系统、无线系统、公务电话系统、专用电话系统、专用闭路电视监视系统、时钟系统、乘客信息系统、办公数据网络系统等。

行调的通信设备包括：有线调度台、无线调度台、800M 手持台、外线电话等。

（一）有线调度台

有线调度台（见图 3-6）主要用于行调与各车站值班员、车场调度、信号楼值班员、检修调度员的联系。

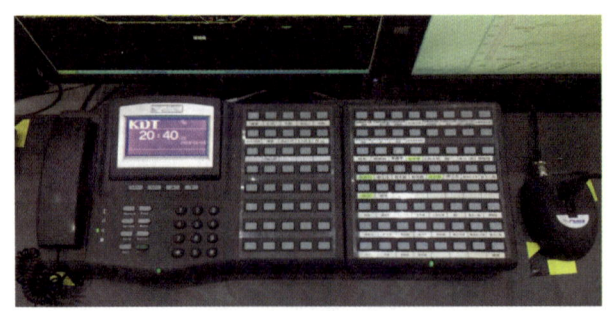

图 3-6　有线调度台

（二）无线调度台

无线调度台（见图 3-7）主要用于行调与正线运行的列车司机进行联系。

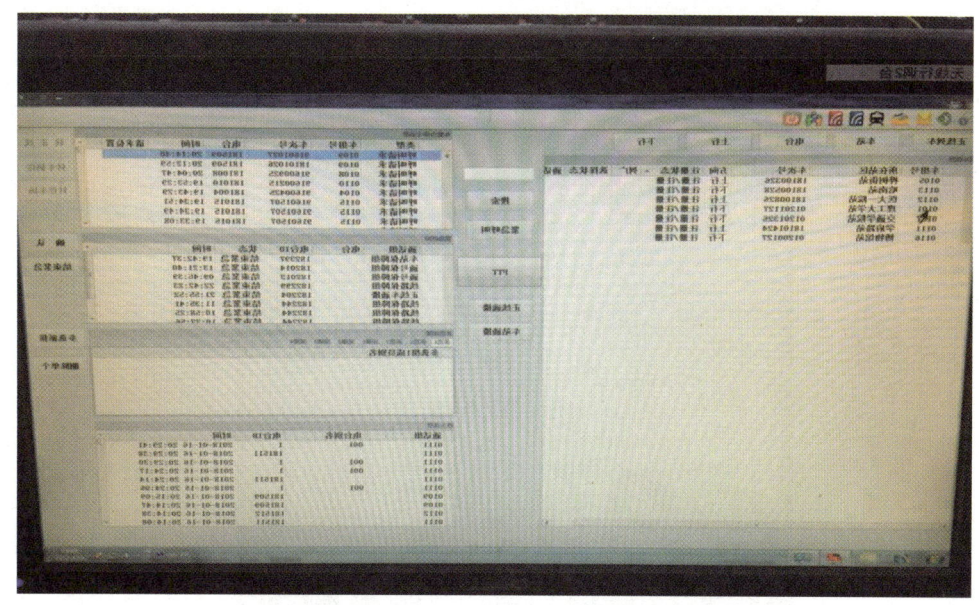

图 3-7 无线调度台

（三）800M 手持台

800M 手持台（见图 3-8）是主要用于车载台故障情况下的电客车、进入正线的工程车、车站人员、进入区间的检修人员等与行调联系的通信设备。

图 3-8 800M 手持台

（四）内/外线电话

内/外线电话（见图3-9）主要用于行调与施工领导人、各部门的沟通，并具备录音功能。

图3-9　内/外线电话

七、信　号

（1）目前哈尔滨地铁使用移动闭塞和准移动闭塞两种模式。

① 准移动闭塞。

正线使用ATC列车自动控制系统，由控制中心或车站控制，分为四个子系统。

a. 列车自动监控子系统（ATS），分为中央级及车站级。

- 中央级ATS系统（配置在控制中心），配备有中央ATS人机界面（HMI）、时刻表编辑工作站（TTE）。调度员通过大屏显示器、HMI，监督和控制全线的列车运行，监督信号设备的工作状态。
- 在控制中心调度大厅设有中央操作员工作站（CLOW）。
- 站级ATS系统具有监督和设置列车进路的功能。
- 太平桥车辆段、哈南停车场信号楼控制室、派班室配备有ATS人机界面（HMI）。

b. 列车自动保护子系统（ATP）。

c. 列车自动驾驶子系统（ATO）。

d. 联锁子系统（SSI）。

② 移动闭塞。

正线使用ATC列车自动控制系统，由控制中心或车站控制，包括以下子系统。

a. 列车自动监控子系统（ATS），分为中央级及车站级。
- 中央级 ATS 系统（配置在控制中心），配备有中央 ATS 人机界面（HMI）、时刻表编辑工作站（TTE）。调度员通过大屏显示器、HMI，监督和控制全线的列车运行，监督信号设备的工作状态。
- 在控制中心调度大厅设有中央操作员工作站（CLOW）。
- 车站级 ATS 系统具有监督和设置列车进路的功能。

b. 列车自动保护子系统（ATP）。
- 列车自动驾驶子系统（ATO）。
- 联锁子系统（CI）。
- 车地无线传输子系统（DCS）。

（2）哈尔滨地铁在控制中心调度大厅设有 CLOW 工作站，在各车站均配置本地操作员工作站（LOW），其中联锁站的 LOW 工作站可以实现列车排列进路、道岔转换等功能，有道岔车站的 LOW 工作站具备对道岔进行操纵的功能，其他车站的 LOW 工作站仅具备监督功能。

（3）正线不设进站信号机，设出站及进路防护信号机。

（4）太平桥车辆段、哈南停车场的信号系统为 TYJL-Ⅱ型微机联锁设备，信号机和道岔由信号楼控制室集中控制。

（5）车控室设有综合后备盘（IBP），盘面上的上、下行线路分别有紧急停车、紧停复位、扣车、扣车复位、紧急越站、越站复位、警报切除等按钮各一个。太平桥站车控室 IBP 盘上的上行线、下行线、存车线分别有紧急停车、紧停复位、扣车、扣车复位、紧急越站、越站复位、警报切除等按钮各一个。

（6）车站每侧站台设有 2 个紧急停车按钮（ESB）。ATP 设备正常使用的条件下，站台上的紧急停车按钮被按压时，车控室的 IBP 盘将报警，未进站列车将停在站外，进入站台区的列车将紧急制动。

八、供 电

（一）接触网

哈尔滨地铁牵引供电采用接触网 1 500 V 直流供电，地面线路采用柔性接触网，地下线路采用刚性接触网。

接触网导线距轨面的标准距离：地下线 4 040 mm；出/入段线及车场线 4 800 mm。接触网与车辆装载货物的距离不少于 250 mm。

（二）供电设备

全线设有电表厂主变电所和太平桥主变电所，两座主变电所将 66 kV 降压为 35 kV 后，通过环网电缆向各个车站牵引降压混合变电所和降压所供电。降压所混合变电所将 AC 35 kV 降压整流为 DC 1 500 V 供给接触网，降压变电所将 AC 35 kV 降压为 380/220 V 交流电供动力、照明设备使用。

九、站台门

（1）每侧站台边缘设站台门，每侧站台的站台门总长均为 114.5 m，门体由 24 对滑动门、6 套（12 扇）应急门、2 套端门及若干套固定门等构成。

（2）每侧站台门所有滑动门单元的编号形式：

① 岛式站台（太平桥存车线侧站台的站台门除外）：位于站台面向站台门以从左往右的方向原则，顺序号依次为 01 号滑动门单元至 24 号滑动门单元。

② 侧式站台及太平桥存车线侧站台：位于站台面向站台门以从右往左的方向原则，顺序号依次为 01 号滑动门单元至 24 号滑动门单元。

列车停站时，对应每节车厢的中间站台门系统设置 1 套应急门（由两扇推拉门组成）。

（3）站台门开关门控制优先级从高到低依次为：就地级控制、站台级控制、系统级控制。

① 就地级控制的优先级从高到低依次为：

a. 通过站台门专用钥匙进行手动操作；

b. 通过就地控制盒（LCB）进行电动操作。

② 站台级控制的优先级从高到低依次为：

a. 火灾紧急状态时通过位于车站控制室内的 IBP 盘对站台门进行站台级的操作；

b. 信号系统与站台门系统控制电路接口出现故障时通过位于站台两端处的就地控制盘（PSL）对站台门进行站台级的操作。

③ 系统级控制的方式：站台门系统接受信号系统的开、关门指令，执行开、关门动作。

十、电客车

（一）电客车的编组

电客车采用 4 动 2 拖 6 辆编组，编组型式为：= Tc*Mp*M*M*Mp*Tc =。其中："Tc" 车为带有一个司机室的拖车，"Mp" 车为带受电弓的动车，"M" 车为不带受电弓的动车，"*" 为半永久型牵引杆，"=" 为半自动车钩。

Tc 车长度为 20.50 m，Mp、M 车长度为 19.52 m（车钩连接面之间长度）。车辆最大宽度为 2.8 m，高度为 3.8 m。列车总长度为 119.08 m（车钩连接面之间）。每辆车有 4 对客室门，门开宽度 1.3 m。驾驶室两侧设有驾驶室侧门，后端设有通往客室的通道门，前端设有紧急疏散门。

电客车在正线线路的最高运行速度为 80 km/h。

（二）车型车号标志说明

前两位数 01 代表哈尔滨 1 号线，第 3、4 位数字代表列车号（01-17），末位数字代表车辆号（1-6）。如：01013，代表哈尔滨 1 号线第 1 列车的第 3 辆车。

（三）车门位标志说明

上侧前两位数字代表列车号，第三位数字代表车辆号，下侧第一位数字代表车门位，第二位字母代表门扇（A 为左门扇，B 为右门扇，此时人面对门板内侧）。例如："013 2A" 代表第 1 列的第 3 辆车的 2 号门的左门扇。

（四）车底设备总结

TC 车（带司机室的拖车）：接地汇流箱、应急通风逆变器、制动模块（辅助控制箱和风缸）、AB 箱（ACM/BCM 变流器箱）、蓄电池箱、ACM（辅助逆变器）滤波电抗器、EPAC 阀 1、EPAC 阀 2（制动阀）、ATC（信号）天线、TWC 天线、空压机（供给空气）。

Mp 车（带受电弓的动车）：接地汇流箱、应急通风逆变器（应急通风）、制动模块（辅助控制箱和风缸）、PH 箱（牵引高压设备箱）、制动电阻箱（电制动）、MCM（牵引逆变器）滤波电抗器、EPAC 阀 1、EPAC 阀 2（制动阀）。

M1 车（不带受电弓的动车）：接地汇流箱、应急通风逆变器、制动模块（辅助控制箱和风缸）、PA 箱（牵引辅助设备箱）、制动电阻箱（电制动）、ACM（辅助逆变器）滤波电抗器、EPAC 阀 1、EPAC 阀 2（制动阀）。

M2 车（不带受电弓的动车）：接地汇流箱、应急通风逆变器、制动模块（辅助控制箱和风缸）、制动电阻箱（电制动）、P 箱（牵引设备箱）、EPAC 阀 2（制动阀）。

任务评价

根据以上学习内容，评价自己对本任务内容的掌握程度，在下表相应空格里打"√"。

评价内容	差（60%以下）	合格（60%~80%）	良好（80%~90%）	优秀（90%以上）
对技术设备的掌握程度				
对技术设备的实际应用				
学习中存在的问题或感悟				

班组：　　　　　　　姓名：　　　　　　　训练时间：

任务训练单	掌握行车组织、指挥的实操练习
任务目标	掌握行车组织/指挥的相关内容及注意事项
任务训练	请从下列任务中选择其中两个进行训练：运营前检查、组织列车出入场、指挥列车按图行车、掌握列车运行实时监控等设备操作

任务训练一：

任务训练二：

任务训练的其他说明或建议：

指导老师评语：

任务完成人签字：　　　　　　　　　日期：　　年　　月　　日
指导老师签字：　　　　　　　　　　日期：　　年　　月　　日

 模块小结

本模块主要简述了运营前检查、列车出入场、列车按图行车、列车运行实时监控及列车过线相关知识和实施步骤。行车组织/指挥是行车调度员工作的主要业务活动，在正常情况下，行调在一日运营开始前组织各站、车场进行运营前检查，各项检查结束确认设备正常后组织车场和正线配合列车出场、过线。早晚高峰注意列车出入场，运营过程中实时监控列车按图行车，晚上组织列车回场。本模块培训时长：5课时。

 模块自测

一、填空题

1. 当班行车调度员需在运营开始前（　　　）min完成对设施设备的确认工作，并填写《运营前准备工作检查记录表》并签字确认。
2. 列车运行至转换轨位置时，司机呼叫行调，行调与司机测试（　　　）的通话功能，行调与司机核对车底及车次号是否正确。
3. 早运营检查时，行调需向各部门核对中央时间及当日（　　　）情况。
4. 车站在运营前确认LOW机正常、线路出清、（　　　）、轨旁设备、接触网、广告灯箱等设备正常。
5. 各部门向行调汇报完相关检查内容后，需报告（　　　）。

二、选择题

1. 当班行车调度员需在运营开始前（　　　）min完成对设施设备的确认工作，并填写《运营前准备工作检查记录表》并签字确认。
   A. 10　　　　　　　B. 20　　　　　　　C. 30　　　　　　　D. 40
2. 下列不属于车站早运营检查向行调汇报的内容为（　　　）。
   A. 站台门　　　　　　　　　　　　　　B. 轨旁设备
   C. 接触网　　　　　　　　　　　　　　D. 进出站闸机
3. 行调根据（　　　）检查当晚所以施工及调试作业是否完毕，并已销点。
   A. 主观判断　　　　　　　　　　　　　B. 询问车站
   C.《轨行区施工登记本》　　　　　　　　D.《运营前准备工作检查记录表》
4. 有线调度台无法联系到的是（　　　）
   A. 司机　　　　　　　　　　　　　　　B. 车场调度
   C. 信号楼值班员　　　　　　　　　　　D. 车站值班员
5. 行调的通信设备不包括（　　　）
   A. 有线调度台　　　B. HMI　　　　　C. 无线调度台　　　D. 外线电话

三、判断题

1. 早运营检查时，行调需向各部门核对中央时间及当日执行时刻表情况。（   ）
2. 各部门向行调汇报完相关检查内容后，无须报告汇报人姓名。（   ）
3. 车站在运营前确认 LOW 机正常、线路出清、站台门、轨旁设备、接触网、广告灯箱等设备正常。（   ）
4. 列车运行至转换轨位置时，司机呼叫行调，行调与司机测试车载台的通话功能，行调与司机核对车底及车次号是否正确。（   ）
5. 遇行车计划临时调整需变更出段/场进路时，行调应及时将进路安排、车次安排、投入服务的车站告知司机及相关车站。（   ）

四、简答题

1. 运营前检查车站应向行调报告哪些内容？
2. 简述行调的通信设备有哪些？同时简述其应用范围（至少说出 3 个）。

模块四 施工组织

案例导学

小安是高校毕业生，通过校园招聘应聘到哈尔滨地铁集团有限公司运营分公司任行车调度员一职。刚刚到调度大厅里实习，他对什么都感觉新鲜好奇。第一天上班，在交接班会前，他看到"老行调"在仔细查看施工行车通告并做施工预想，他们在想什么呢？接着参加交接班会，过程中行调汇报当晚重点施工，为什么要汇报重点施工？在夜间施工请销点的时候，看到行调在《轨行区施工登记本》上写着什么，为什么要写？如何填写？过了两天，小安当值白班，又看到行调在做第二天夜间施工预想，为什么白天要做施工预想呢？

学习目标

1. 掌握当班施工计划的审查预想。
2. 掌握如何与设调（操作）确认停电范围。
3. 掌握如何与场调进行沟通并确认调试车/工程车出入场路径。
4. 掌握如何与施工领导人沟通并确认施工细节。
5. 掌握组织施工流程。
6. 掌握停电挂地线请销点流程。
7. 掌握如何按照《行车设备维修施工管理规定》中有关规定执行请销点流程。
8. 掌握如何按规定审核日/临补计划。
9. 掌握如何按规定填记相关施工台账。

技能目标

1. 能对当班施工计划进行审查预想。
2. 能熟练与设调（操作）确认停电范围。
3. 能熟练与场调进行沟通，并确认调试车/工程车出入场路径。
4. 能熟练与施工领导人沟通并确定相关施工细节。
5. 能熟练组织施工流程。
6. 熟悉停电挂地线请销点流程。
7. 能熟练按照《行车设备维修施工管理规定》中的有关规定执行请销点流程。
8. 能熟练按规定审核日/临补计划。
9. 能熟练按规定填记相关施工台账。

任务一　施工预想

相关知识

施工预想是施工前非常重要的一步，行调通过施工前审核施工计划，可以提前知晓当班的所有施工，知晓施工的安全把控点，检查是否有冲突的作业，是施工安全的重要保障点。

一、查看施工计划

（一）A1 类施工

A1 类施工是指在正线、辅助线需要开行工程车、电客车的施工。注意查看 A1 类施工的接触网的供电要求。查看工程车或者电客车的出场车次、车组号，运行路径、运行条件是什么。提前拟定调度命令。确认没有与 A1 类作业区域及防护区域冲突的 A2 类施工以及没有影响开车作业的 A3 类施工。在《轨行区施工登记本》（见图 4-1）中登记 A1 类施工时，需用红笔抄写。

哈尔滨地铁 HARBIN METRO

轨 行 区 施 工 登 记 本

（白班□夜班□）当值行调：　　　　　　　　　　　　（　）年（　）月（　）日

承认号	施工作业令号	请点车站	作业单位及作业内容	供电要求	施工领导人姓名及电话	计划时间	批准时间	行调代码	新疆大街站	渤海路站	镜泊路站	瓦盆窑站	同江路站	哈南站	停车场	哈达站	医大二院站	联络线	黑龙江大学	理工大学站	学府路站	和兴路站	西大桥站	哈工大站	铁路局站	博物馆站	医大一院站	烟厂站	工程大学站	太平桥站	车辆段	交通学院站	桦树街站	哈东站	销点车站	销点时间	行调姓名

与全线车站确认所有施工是否全部结束　是□　否□　　值班主任＿＿＿＿＿＿

图 4-1 《轨行区施工登记本》

（二）A2 类施工

A2 类施工是指在正线、辅助线不需要开行工程列车、电客车的施工。确认 A2 类施工没有与 A1 类施工作业区域冲突。特别留意 A2 类施工的停电或者停电挂地线施工，停电范围是否准确，以及挂地线位置。

（三）A3 类施工

A3 类施工是指在车站、主所、控制中心范围内，影响正线、辅助线行车设备设施的作业。特别关注 A3 类施工中的主所作业是什么，影响范围多大，对接触网的影响多深，是否影响行车计划的实施等等。

（四）开行电客车、工程车的防护区域

（1）组织工程列车运行时，在工程列车运行的到达站前方必须保证至少有一个站间区间空闲作为防护区域。

（2）在开行工程列车进行作业的封锁作业区前后方必须保证至少有一个站台区或站间区间空闲作为防护区域。

（3）在开行高速调试列车的封锁作业区前后方必须保证至少有一个站间区间空闲作为防护区域。

（五）施工作业流程

1. 请点规定

（1）属于 A 类的作业，施工领导人/施工负责人在《施工进场作业令》规定施工开始时间前 40 min 到车站登记请点，由车站向行调进行预请点，当施工条件得到满足后行调通知车站批准请点后，车站值班员才能传达允许施工的命令。

（2）属于 A 类作业，但需由多个车站进入施工的作业项目，施工领导人除到主站按上述办理外，还需核实辅站情况。辅站施工负责人在《施工进场作业令》规定施工开始时间前 40 min 到达辅站办理登记手续，辅站值班员向主站值班员核实施工事项并请点。主站接到行调允许施工的命令后，传达给施工领导人及辅站，辅站值班员通知施工负责人进行该作业点的施工。

（3）属于 B 类的作业，施工领导人到车场调度员处请点，具体操作程序按《太平桥车辆段运作规则》的相关规定办理，经车场调度员同意，便可施工（车场内进行影响正线行车的作业如果在施工计划内，须报行调，如果是计划外也须经行调批准）。

注：车辆段内不影响工程列车、客车运行，不影响其他设备，不影响其他施工的 B2 类作业，指挥中心授权给车场调度员，由车场调度员根据实际情况给予安排。

（4）属于 C 类的作业，经批准，施工领导人到车站登记请点。

（5）如遇作业区域同时包含正线和车场线路时，施工部门到车场调度员处请点，车场调度员在审核批准该项施工作业后，还须向行调请点，征得同意后，方可允许施工部门开始施工。

（6）有外单位作业时，由指定的施工主办部门或主配合部门人员协助办理请点后，方可开始作业。

2. 销点规定

（1）A 类作业，只有主站无辅站请点的，施工领导人在施工区域出清完毕后，报车站，由车站向行调销点。

（2）B、C 类作业施工完毕后，施工领导人负责施工区域的出清后到车站或车场销点。

（3）属于"请点规定中（5）"项施工的销点，施工领导人在施工区域出清完毕后，向车场销点，车场在办理销点手续时必须同时向行调办理销点。

（4）既有主站又有辅站请点的，辅站施工负责人负责本段线路出清并报施工领导人后，在辅站销点；辅站值班员向主站值班员销点；施工领导人负责该项作业区域全部出清后，方可报主站值班员销点，主站值班员向行调销点。

（5）需异地销点的施工作业，施工领导人（联系人）应在请点时注明异地销点的地点、人数。登记进入施工的车站要及时通知异地销点的车站值班员。

（6）既有主站又有辅站请点的，需异地销点的，作业结束后，施工负责人负责本段线路出清并报施工领导人，在辅站（或辅站对应的异地销点车站）销点，辅站（或辅站对应的异地销点车站）向在主站登记的销点站销点；施工领导人负责该项作业区域全部出清后统一向在主站登记的销点站登记销点，销点站经与施工领导人核对销点的施工内容、施工人数、地点全部无误后，记录施工领导人有效证件、姓名、作业令号码、作业人数等信息，并向请点站核对无误后，准予销点，销点站负责向行调报告销点。

二、行调与设调（操作）确认停电范围

（1）作业人员包括所持的机具、材料等与接触网等带电体至少保证1 m的安全距离，否则接触网必须停电并挂接地线防护。

（2）需接触网停电的作业区域，必须按规定进行停电。

（3）作业单位在作业期间需接触网停电或接触网停电挂地线的，必须在施工申请表中明确提出要求，施工清点时，确认接触网已停电或接触网停电且已挂好地线方可作业。在未挂接地线的区域视作接触网带电。

（4）挂拆地线人员必须具备挂拆地线资质，各部门（单位）施工作业需要挂拆接地线时，挂拆接地线人员由施工负责人指定具有资质证的人员担任，本资质应由电力专业管理部门培训考核并报经安全与质量监察部门核审签发拆挂接地线安全操作证。

三、日/临补计划

（1）在周计划里未列入的，对行车有一定影响的检查、维修需要增加的计划。

（2）因特殊原因，在周计划里已列入的，需对其作业区域、作业时间、施工内容、施工负责人、供电安排、防护措施其中一项或多项进行变更的计划。

（3）因特殊原因，在周计划里已列入的不能如期进行需要取消的计划。

任务评价

根据以上学习内容，评价自己对本任务内容的掌握程度，在下表相应空格里打"√"。

评价内容	差（60%以下）	合格（60%~80%）	良好（80%~90%）	优秀（90%以上）
对列车运行实时监控技能要求的掌握程度				
对列车运行实时监控的作业流程掌握程度				
学习中存在的问题或感悟				

任务二 施工组织与请销点流程

相关知识

请点就是施工前，按照既定的施工计划安排，由施工负责人向行调申请开始施工，行调批准后才能进行施工的程序。销点就是施工结束，设备检查正常，施工现场人员和工器具与物资、备品备件等已全部出清现场完毕后向行调报告施工结束，严格做到"人走场清"的制度，是申请结束施工状态的程序。

一、施工组织

（1）每日运营结束后，设备维修中心按计划对各设备系统进行检修作业。并应于规定时间内完成对运行线路巡道和施工线路出清程序。

（2）在正线及辅助线施工开始前，施工领导人/施工负责人应进行施工登记，车站签字确认（属于开行工程列车或调试列车作业的，还需设置好红闪灯防护），经行调批准后，通知施工领导人/施工负责人开始施工。

（3）施工结束后，施工领导人/施工负责人负责线路出清、人员及工器具撤离现场，施工领导人/施工负责人经检查确认撤除防护后，办理注销施工登记手续。

二、请点规定

（1）属于 A 类的作业，施工领导人/施工负责人在《施工进场作业令》规定施工开始时间前 40 min 到车站登记请点，当施工条件满足后由车站向行调请点，行调批准后，车站值班员传达允许施工的命令。

（2）属于 A 类作业，但需由多个车站进入施工的作业项目，施工领导人除到主站按上述内容进行办理外，还需核实辅站情况。辅站施工负责人在《施工进场作业令》规定施工开始时间前 40 min 到达辅站办理登记手续，辅站值班员向主站值班员核实施工事项并请点。主站接到行调允许施工的命令后，传达给施工领导人及辅站，辅站值班员通知施工负责人进行该作业点的施工。

（3）属于 B 类的作业，施工领导人到车场调度员处请点，具体操作程序按《太平桥车辆段运作规则》《哈南停车场运作规则》的规定办理，经车场调度员同意，便可施工.（车场内进行影响正线行车的作业应经行调批准）。

（4）属于 C 类的作业，经批准，施工领导人到车站登记请点。

（5）如遇作业区域同时包含正线和车场线路时，施工部门到车场调度员处请点，车场调度员在审核批准该项施工作业后，还须向行调请点，征得同意后，方可允许施工部门开始施工。

（6）有外单位作业时，由指定的施工主办部门或主配合部门人员负责办理请点，并全面负责向委外施工单位人员进行安全交底，提出地铁施工作业安全管理规定并监督执行，甲方负责人应全程旁站监督，方可开始作业。

三、销点规定

（1）A类作业，只有主站无辅站请点的，施工领导人在施工区域出清完毕后，报车站，由车站向行调销点。

（2）B、C类作业施工完毕后，施工领导人负责施工区域的出清后到车站或车场销点。

（3）作业区域同时包含正线和车场线路的施工销点时，施工领导人在施工区域出清完毕后，向车场销点，车场在办理销点手续时必须同时向行调办理销点。

（4）既有主站又有辅站请点的，辅站施工负责人负责本段线路出清并报施工领导人后，在辅站销点；辅站值班员向主站值班员销点；施工领导人负责该项作业区域全部出清后，方可报主站值班员销点，主站值班员向行调销点。

（5）需异地销点的施工作业，施工领导人（联系人）应在请点时注明异地销点的地点、人数。登记进入施工的车站要及时通知异地销点的车站值班员。

（6）只有主站无辅站请点的，需异地销点的，作业结束后，施工领导人向销点站登记销点，销点站经与施工领导人核对销点的施工内容、施工人数、地点全部无误后，记录施工领导人有效证件、姓名、作业令号码、作业人数等，并向请点站核对无误后，准予销点；销点站负责向行调报告销点。

（7）既有主站又有辅站请点的，需异地销点的，作业结束后，施工负责人负责本段线路出清并报施工领导人，在辅站（或辅站对应的异地销点车站）销点，辅站（或辅站对应的异地销点车站）向在主站登记的销点站销点；施工领导人负责该项作业区域全部出清后统一向在主站登记的销点站登记销点，销点站经与施工领导人核对销点的施工内容、施工人数、地点全部无误后，记录施工领导人有效证件、姓名、作业令号码、作业人数等，并向请点站核对无误后，准予销点，销点站负责向行调报告销点。

任务评价

根据以上学习内容，评价自己对本任务内容的掌握程度，在下表相应空格里打"√"。

评价内容	差（60%以下）	合格（60%~80%）	良好（80%~90%）	优秀（90%以上）
对列车运行实时监控技能要求的掌握程度				
对列车运行实时监控的作业流程掌握程度				
学习中存在的问题或感悟				

任务三 施工调度命令

调度命令分为行车调度命令和电力调度命令及施工调度命令还有环控调度命令。行车调度命令是行车调度员对列车司机、运营车站行车值班员，车辆段场调、信号楼发布的运行与操作指令，必须严格执行。电力调度命令是电力调度员对本线路各变电所发布的电力设备运行与操作的指令，必须严格执行，并报告执行情况。施工调度命令是调度中心发给施工单位的施工计划指令，此命令发给相关站段及相关专业主管部门及班组。环控调度命令是环控调度员针对环控设备运行状态、检修、故障发布的运行或操作指令，必须严格执行，并报告执行情况。

调度命令是指调度对车站或者变电所发布的有关运行和操作的指令。行调包括封锁线路、开通线路、加开、限速、取消限速命令和行调命令。

调度命令发布原则如下。

（1）原则上，行车调度需要改变列车驾驶模式，下放控制权，故障处理，非正常行车组织调整列车运行时，可发布口头命令。

（2）特殊情况下，电客车跟随末班车指定位置进行短时作业时，可只发口头加开命令。

（3）原则上，全线仅有一列电客车进行调试作业时，可只发布加开命令。

（4）原则上，多列电客车进行调试作业时，需发布书面加开命令。

（5）线路部分区段进行电客车调试作业的作业区域，需发布封锁命令。

（6）组织工程车施工作业时的作业区域必须发布封锁命令。

（7）原则上，线路因施工封锁，施工结束后的作业区域必须发布解封命令。

（8）原则上，组织运行图列次除外的电客车/工程车过线时，必须发布过线命令。

（9）因施工作业需开行电客车/工程车到指定地点时，必须发布书面加开命令。

（10）特殊情况下，如需工程车跟随末班车到指定位置进行短时作业时，必须发布书面加开命令。

为使行车调度命令格式规范化，调度命令内容更加准确、简练、清晰、完整，从而提高工作效率，确保生产安全，对常用的调度命令格式做如下规定（以加开工程车、电客车命令为例）。

一、加开工程车、电客车命令基本格式

加开工程车、电客车的命令格式如表4-1所示。

表 4-1

	发令时间： 年 月 日 时 分		
受令处所	车场调度、信号楼、派班室、××～××各站，派班室（××站）交×××次司机	命令号码	调度代码
		×××	×××
命令内容	1. 因××部门××作业需要，准车辆段～出/入段线～××站上/下行线～××站上/下行线加开××××次，返程××站上/下行线～××站上/下行线～出/入段线～车辆段加开××××次。 2. ××××次、××××次由××××车担任，凭行调命令及地面信号显示行车。 3. ××××次到××站上/下行站台待令		

二、书面命令的基本流程

（1）根据当日施工计划要求，按照上述调度命令格式，编写当日电子版调度命令。需填写受令处所、命令号码、命令内容。如有不明确事项，可联系施工领导人确认（如：列车运行路径、是否需要停站、列车驾驶模式、是否需要排列 ATP 进路或联锁进路等）。

（2）编写完毕后，两名行车调度员再次与施工计划确认，确认无误后交由值班主任审核。

（3）值班主任审核完毕，确认无误后打印并签字。

（4）行调得到值班主任确认后，通过传真、QQ 等形式将调度命令下发至相关受令处所。

（5）行调根据要求向受令处所内相关单位下发调度命令，并要求其中一个车站进行复诵。确认无误后发布发令时间及调度代码，并在纸质版调度命令上手动填写。

（6）调度命令下发相关单位后，由指定单位交给司机，司机到达正线或指定位置后，需向行调复诵调度命令。行调确认正确后方可通知司机进行作业。

三、其他常用命令的基本格式

（一）封锁线路的命令格式

具体如表4-2所示。

表 4-2

发令时间：　　年　　月　　日　　时　　分

受令处所	××站～××站各站，××站交××××次司机	命令号码	调度代码
		×××	×××
命令内容	1. 自发令时起，××站～××站上/下行线及××渡线/存车线线路封锁。 2. 准××××次（××××车）进入该封锁线路并往返运行，凭施工领导人指令及地面信号显示运行。 3. ××××次作业完毕后在××站上/下行站台待令。		

（二）开通线路的命令格式

具体如表4-3所示。

表 4-3

发令时间：　　年　　月　　日　　时　　分

受令处所	××站～××站各站	命令号码	调度代码
		×××	×××
命令内容	自发令时起，前发×××号令取消，××站～××站上/下行线及××渡线/存车线线路开通		

（三）过线命令的格式

具体如表4-4所示。

表 4-4

发令时间：　　年　　月　　日　　时　　分

受令处所	3号线行调、车场调度、信号楼、派班室、1号线××站至××站各站，3号线××站至××站各站，派班室交××××次司机	命令号码	调度代码
		×××	×××
命令内容	1. 因××部门××作业需要，准车辆段～出/入段线～××站上/下行线～X0305信号机～1、3号线联络线～X0505信号机～××站上/下行线加开××××次。 2. ××××次由××××车担任，凭地面信号显示及行调指令动车。 3. ××××次运行至X0305信号机前待令。 4. ××××次运行至X0505信号机前待令		

模块训练

班组：　　　　　　　　　姓名：　　　　　　　　　训练时间：

任务训练单	行调施工请销点流程
任务目标	行调对施工计划进行施工预想，停送电流程、拆挂地线流程、请销点流程，调度命令发布及其他施工注意事项的掌握情况
任务训练	请从下列任务中的两个进行训练：运营前检查、组织列车出入场、指挥列车按图行车；掌握1、3号线的过线流程及与行车有关设备的操作
任务训练一： （说明：总结作业流程，并在指挥中心大厅进行实操训练或者上机完成实操训练）		
任务训练二： （说明：总结作业流程，并在指挥中心大厅进行实操训练或者上机完成实操训练）		
任务训练的其他说明或建议：		
指导老师评语：		

任务完成人签字：　　　　　　　　　　　　　　日期：　　年　　月　　日

指导老师签字：　　　　　　　　　　　　　　　日期：　　年　　月　　日

模块小结

本节讲述了如何查看施工计划、施工冲突预想、请销点作业流程、停送电作业流程、拆挂地线作业流程、施工注意事项、发布调度命令。确保日常维修维护作业有计划、安全地进行,提高施工时间利用率。本模块培训时长:3 课时。

模块自测

一、填空题

1. A1 类施工是指（　　　　　　　　　　　　　　　）。
2. 凡进入轨行区的施工作业人员必须按要求穿（　　　）、着（　　　），并根据作业性质和作业要求使用其他安全防护用品。
3. 工程列车及调试列车作业时,车站原则上须在作业区域两端及防护区域对应的轨道中央放置红闪灯,其中作业区域两端各放置（　　　）,防护区域各放置（　　　）。
4. 在开行高速调试列车的封锁作业区前后方必须保证至少有（　　　）空闲作为防护区域。
5. 属于 A 类的作业,施工领导人/施工负责人在《施工进场作业令》规定施工开始时间前（　　）min 到车站登记请点,

二、选择题

1. 施工领导人持《施工进场作业令》在规定施工开始时间前（　　　）min 到达主站;施工负责人及维修人员在作业令规定施工开始时间前（　　　）min 到达辅站和相关车站;按规定程序办理施工作业手续。
    A. 40,20　　　　　　B. 60,40　　　　　　C. 30,30　　　　　　D. 40,40
2. 车站、主所、（　　　）范围内影响行车设备设施的作业为 A3 类。
    A. 太平桥车辆段　　　　　　　　B. 牵引所
    C. 控制中心　　　　　　　　　　D. 哈南停车场
3. 组织工程列车运行时,在工程列车运行的到达站前方必须保证至少有（　　　）空闲作为防护区域。
    A. 一站一区间　　　　　　　　　B. 两个站台区
    C. 一个站间区间　　　　　　　　D. 一个站台区
4. 车站原则上须在作业区域两端及防护区域对应的轨道中央放置红闪灯(其中作业区域两端各放置（　　）盏,防护区域各放置（　　）盏。
    A. 1～1　　　　　　B. 2～1　　　　　　C. 1～2　　　　　　D. 2～2
5. 工程列车及调试列车作业的区域,如一端属于（　　　）时,车站不需设置红闪灯。
    A. 尽头线　　　　　　B. 作业区域头部　　　　　　C. 作业区域尾部

三、判断题

1. A2类施工是指在正线、辅助线需要开行工程列车、电客车的施工。（ ）
2. 在开行工程列车进行作业的封锁作业区前后方必须保证至少有站间区间空闲作为防护区域。（ ）
3. 全线开行工程列车（含调试列车）作业时，车站需在作业区域两端设置红闪灯防护。（ ）
4. B、C类作业施工完毕后，施工领导人负责施工区域的出清后到车站或车场销点。（ ）
5. 需异地销点的施工作业，施工领导人应在请点时注明异地销点的地点、人数。登记进入施工的车站要及时通知异地销点的车站值班员。（ ）

四、简答题

1. 开行电客车、工程车的防护区域。
2. 加开工程车、电客车调度命令格式。

模块五 故障应急处置

案例导学

小安到地铁站乘坐地铁,到达车站时就听见车站在人工广播列车延误信息,在车站等了很久,地铁才缓缓进站,在车厢里的小安发现列车在区间根本开不快,心想今天一定迟到了。小安联想到自己在课堂上学的知识,刚才一定是发生了设备设施故障导致列车晚点。

那么,地铁哪些设备设施故障会影响到列车运行?如果行车设备发生故障了,该如何处置呢?以上的问题可以通过学习本模块得到解决。

学习目标

1. 掌握信号类故障处置流程。
2. 掌握车辆类故障处置流程。
3. 掌握供电类故障处置流程。

技能目标

1. 能够确定信号类故障现象。
2. 能够掌握信号类故障影响范围。
3. 能够确定信号类故障判断方法。
4. 能够掌握信号类故障处置流程。
5. 能够根据司机汇报确定车辆类故障。
6. 能够掌握车辆类故障处置流程。
7. 能够根据现象汇报确定供电类故障影响范围。
8. 能够掌握供电类故障处置流程。

任务一 信号故障

一、案例一 联锁区联锁故障

(一)事件概况

1. 设备名称

HMI、CLOW、LOW。

2. 故障类型或现象

故障联锁区灰显，列车紧制。

3. 故障影响程度

故障区段内列车无法采用 ATO、ATP 模式运行。

（二）故障处理经过简介

1. 信息获得

某日某时，1114 次（0110 车）司机报：列车运行至哈达上行进站前 100 m 列车产生紧制，同时行调在 HMI 上发现哈达联锁区灰显，观察 CLOW 中哈达联锁区灰显，询问哈达联锁区 LOW 灰显，OCC 立即启动《联锁区 SSI 故障应急预案》。

2. 先期故障判断及准备内容

（1）某日某时，1114 次（0110 车）司机报：列车运行至哈达上行进站前 100 m 列车产生紧制，同时行调在 HMI 上发现哈达联锁区灰显，观察 CLOW 中哈达联锁区灰显，列车无速度码，与哈达站核对哈达联锁区 LOW 灰显。

（2）行调对全线列车进行调整，对故障区域内列车实施定位。

3. 故障现象确认及初步诊断

HMI、CLOW 显示哈达联锁区域灰显，学府路联锁区向哈达联锁区排列进路无法形成，与哈达站确认哈达联锁区灰显，哈达联锁区内列车产生紧制，即可判断为哈达联锁区 SSI 故障。

4. 故障实际查找过程及确认。

故障暂时恢复，故障原因未查明，待厂家分析。

5. 故障排除方法及结果

值班主任及时启动《联锁区 SSI 故障应急预案》。

（1）行调立即对故障区域内列车进行定位，将区间迫停列车组织到站台或折返线。找到一辆，在占线板上标注一辆。

① 若故障区域列车停在站台，则通知司机原地待令。

② 若故障区域列车停在区间，前方无道岔，则组织司机以 RM 模式运行至前方车站待令。

③ 若故障区域列车停在区间，前方有道岔，则组织相关车站将该道岔钩锁至正线位置并加钩锁器后，组织司机以 RM 模式运行至前方车站待令。

（2）值班主任、行调、司机、车站核对故障区段内列车是否全部到达站台。

（3）条件具备后启动电话闭塞法组织行车。

（4）故障区域列车进路由车站手动办理，司机凭路票行车。行调与车站共同确认首列车前方区段空闲。

（三）原因分析

联锁机上模块重启造成了联锁机宕机重启。

（四）案例处理优化分析

1. 案例处理的优化解决方案

此次故障处置，工作人员处置较为稳妥。

2. 故障正确处理的方式方法及关键步骤

（1）行调及时对故障现象进行判断，确认故障类型及影响范围。

（2）对故障区段内的列车进行定位，准备故障区段内列车进路，将迫停列车组织到车站或存车线。

（3）及时对全线列车进行调整，采用停运、限速、加开临客、扣发、通过、越站、小交路折返等方式最大限度地满足乘客服务。

（4）具备条件后及时下达电话闭塞法组织行车的调度命令，接收车站报点，铺画列车运行图。

（五）专家提示

（1）遇列车运行间隔较大时，及时向车站、司机及服务热线通报信息做好乘客服务。

（2）各岗位之间加强联系，其他调度及时配合行调定位等工作。

（六）预防措施

密切监控非故障点列车运行情况，并做好信息反馈工作。

（七）风险分析

当信号系统发生故障时，无法通过设备监控到现场道岔、信号机等联锁设备是否正常开放；无法确认进路是否正常开放；无法确认列车位置是否正确；无法确认列车的前方进路是否安全，如果贸然发布错误的命令，会导致出现列车挤岔、脱轨、列车冲突等严重后果。

二、案例二　轨旁 ATP 故障

（一）故障概况

1. 设备名称或型号

轨旁 ATP 设备。

2. 故障类型或现象

DMI 显示故障信息，列车紧制。

3. 故障影响程度

故障列车或列车在故障区段采用RM模式运行。

（二）故障处理经过简介

1. 信息获得

某日某时，1220次（0116车）司机报：列车运行至理工大学上行进站前，列车产生紧制，DMI显示通信丢失。行调命令司机以RM模式动车，运行至理工大学上行站台。

2. 先期故障判断及准备内容

（1）某日某时1220次（0116车）司机报：列车运行至理工大学上行进站前，列车产生紧制，DMI显示通信丢失。

（2）中央HMI上显示故障报警信息，学府路联锁区轨旁ATP故障。

3. 故障现象确认及初步判断

列车DMI显示通信丢失，列车产生紧制。行调通过报警信息、列车紧制等判断是学府路联锁区轨旁ATP故障所致。

4. 故障实际查找过程及确认

因学府路联锁区轨旁ATP故障，导致列车DMI收不到速度码。列车产生紧制。

5. 故障排除方法及结果

（1）行调立即对故障现象进行判断。
（2）询问司机DMI故障显示。
（3）利用后续列车判断列车或轨旁ATP故障。

（三）原因分析

信号系统车地通信中断，导致列车降级并产生紧制，信号干扰和设备故障是主要原因。

（四）案例处理优化分析

1. 案例处理的优化解决方案

此次故障处置，工作人员现场处置较为稳妥。

2. 故障正确处理的方式方法及关键步骤

（1）行调立即对故障现象进行初步判断，询问司机DMI故障显示。
（2）命令司机以RM模式动车，收到速度码后恢复正常驾驶模式。
（3）若该次列车运行至下一有岔站通信未恢复，命令司机以RM模式运行。如在下一个有岔站仍未恢复通信，需考虑列车车载信号设备故障，及时下线。
（4）后续列车在该故障点确认是否正常。
（5）抢修完毕后组织正线列车恢复正常运营。

（五）专家提示

严密监控故障区域内的列车运行，故障恢复及时调整行车间隔，恢复正常运行。

（六）预防措施

密切监视列车运行情况，并做好信息反馈工作。

（七）风险分析

当发生 ATP 故障时，列车无法收到速度码，信号处于无保护状态，列车不会自动检测前方联锁系统的保护，如列车速度过快或安全距离较近，会发生挤岔、脱轨、列车冲突等严重后果。

三、案例三 道岔故障

（一）故障概况

1. 设备名称或型号

道岔。

2. 故障类型或现象

运营时间，道岔失表。

3. 故障影响程度

运营时间道岔故障，导致折返时间延长。

（二）故障处理经过简介

1. 信息获得

某日某时，行调发现哈南 D0103 道岔短闪，立即命令 X0105 信号机前的 0905 次司机停车待令，并将 X0105 信号机自排单关，尝试定/反位操作故障道岔两个来回后故障依然存在，随即启动道岔故障应急处理程序。

2. 前期故障判断及准备内容

（1）某日某时，行调发现哈南 D0103 道岔短闪，行调尝试定/反位操作故障道岔两个来回。
（2）行调通知哈南站进行现场手摇道岔，人工办理进路。
（3）根据故障情况及时制订故障区域应急行车调整方案及故障区域外的小交路运营方案，对全线列车进行调整，发布运营晚点信息。

3. 故障排除方法及结果

OCC 立即启动《道岔故障应急处理程序》。
（1）行调确认安全后，及时布置车站现场人工准备进路。

（2）向全线司机、车站通报故障情况。

（3）对全线列车进行持续调整。

（4）进路准备完毕后，确认人员出清，令司机动车。

（三）原因分析

微机监测转辙机动作电流曲线正常，历时约 4.5 s，说明故障为回路无法导通所致。

（四）案例处理优化分析

1. 案例处理的优化解决方案

此次故障处置，故障人员现场处置较为稳妥。

2. 故障处理的方式方法及关键步骤

（1）道岔出现故障后，扣停开往受影响区段的列车，通报值班主任，各站和车场调度员。

① 道岔位置无列车占用时，行调在 HMI 上单操或通知联锁站行值在 LOW 上单操故障道岔两个来回确认是否能够恢复。

② 道岔位置有列车占用时，立即令故障区域列车原地待令，要求故障区域列车司机确认列车状态及现场道岔、轨道状态，并安抚乘客。若现场司机无法判断，则通知工班人员到达现场判断道岔位置是否正确，并给出是否可以动车等处理意见。

③ 若道岔发生故障造成列车挤岔，行调应确定列车车次、车底号和被挤道岔号码、受影响区段、是否影响邻线行车、列车载客量及人员伤亡情况，并报告值班主任。通知司机挤岔后列车不准移动。确定列车挤岔具体轮对通知检调、设调（维修），通知组织抢修。如影响牵引电流，通知设调（操作）关闭挤岔区段的牵引电流。指令车站、司机执行乘客疏散程序，通知邻线运行列车限速运行（涉及单洞双线区段，扣停邻线列车），加强瞭望。将乘客疏散方向通报设调（操作）。组织不受影响区段列车的运营。封锁线路交设调（维修）进行抢修。若挤岔后脱轨，则按"正线岔区脱轨"办法处理。

（2）当有岔站行车值班员在发现道岔故障时，向行调报告的同时，也要通知车站值班站长做好准备下线路手摇道岔人工准备进路的工作。

（3）在非折返的有岔站，如道岔故障仍不能恢复，由故障道岔所在车站使用钩锁器加锁故障道岔，维持运营。

（4）在两端折返站，如道岔故障仍不能恢复，行调优先变更列车进路组织行车，优先利用非故障道岔排列折返进路。

（5）若故障道岔必须由车站人员下线路手摇道岔时，原则上行调将控制权下放至车站，由车站按照调车方式办理接发车进路，司机的动车凭证为发车手信号，当有信号显示时，以发车手信号为主，地面信号为辅。特殊情况下，若故障道岔经人工手摇后，不再影响后续进路的正常排列，则不再以调车方式办理接发车，列车将以地面信号显示运行。

（6）行调将控制权下放后，积极组织故障区域外的列车维持正常运行，必要时可通过小交路折返、加开、抽线等方式进行调整。

（7）道岔故障发生后，若相关人员申请下区间查看故障情况时，车站行车值班员向行调申请，行调通知车站："可利用行车间隔组织相关人员进行查看"，车站接到行调命令后，要根据车站进路准备情况及时组织相关人员下线路查看故障情况，但必须对查看故障人员下区间及返回的时间进行限制，不得影响列车的接发工作，即车站向行调汇报列车进路准备完毕时，查看故障的人员严禁下区间或已下区间的人员必须出清或避让至安全位置。

（8）对于运营期间是否可以对故障道岔进行维修的问题，车站及相关专业人员必须及时汇报现场故障情况，得到行调准许后，方可进行故障维修。

（9）确认道岔故障恢复后，行调通知有岔站及联锁站上交控制权，有岔站及时撤除钩锁器及有关防护，人员出清后向行调汇报，行调及时调整列车运行，恢复正常的行车秩序。

（五）专家提示

（1）遇列车运行时分偏离列车运行图，行调及时发布运营信息。

（2）各岗位之间加强联系，故障恢复后及时调整运营，尽快按图行车。

（六）预防措施

密切监控列车运行情况，并做好信息反馈工作。

（七）风险分析

当发生道岔故障时，列车进路无法排列，信号处于无保护状态，如办理的进路不正确，列车会发生挤岔、脱轨等严重后果。

四、案例四　站台门故障

（一）故障概况

1. 设备名称或型号

站台门。

2. 故障类型或现象

某一站台门故障或整侧站台门不联动。

3. 故障影响程度

车门与站台门不联动。

（二）故障处理经过简介

1. 信息获得

列车运行至理工大学站上行站台开关站台门作业时，门全开指示灯闪烁。

2. 前期工作判断及准备内容

（1）发生站台门故障时，要按照"先通后复"的原则进行处理，在保证安全的前提下，确保电客车正点运行。

（2）当某一档站台门发生故障导致"站台门关闭且锁紧"信号失效，行调应第一时间通知车站人员将故障站台门进行隔离（若为发车作业，则需在隔离完毕后向司机打"好了"手信号），同时行调通知司机故障情况并做好配合，以便列车离站或进站。

（3）当整侧站台门未发现任何异常，但站台门关闭后信号系统无法接收"站台门关闭且锁紧"信号时，行调应第一时间通知车站人员在PSL上操作"互锁解除"开关（若为发车作业，则需在操作完毕后向司机打"好了"的手信号），同时行调通知司机故障情况并做好配合工作，以便列车离站或进站。

（4）当信号系统与站台门系统控制电路接口出现故障导致安全门与车门无法联动时，行调可通知司机在PSL上尝试安全门的开、关操作。

注意：若PSL盘操作站台门不可拔出钥匙时，需由车站人员进行操作。若PSL盘操作站台门可拔出钥匙时，可先由司机进行操作，列车发出后由车站进行后续处理工作。

3. 故障现象确认及初步诊断

理工大学上行站台门全开灯闪烁。

（三）原因分析

经检查发现，理工大学上行第21档站台门夹物。

（四）案例处理优化分析

1. 案例处理的优化解决方案

此次故障处置，各岗位处置到位。

2. 故障正确处理的方式方法及关键步骤

（1）发生站台门故障时，要按照"先通后复"的原则进行处理，在保证安全的前提下，确保电客车正点运行。

（2）当某一档站台门发生故障导致"站台门关闭且锁紧"信号失效，行调应第一时间通知车站人员将故障站台门进行隔离（若为发车作业，则需在隔离完毕后向司机打"好了"的手信号），同时行调通知司机故障情况并做好配合工作，以便列车离站或进站。

（3）当整侧站台门未发现任何异常但站台门关闭后信号系统无法接收"站台门关闭且锁紧"信号时，行调应第一时间通知车站人员在PSL上操作"互锁解除"开关（若为发车作业，则操作完毕后需向司机打"好了"手信号），同时行调通知司机故障情况并做好配合，以便列车离站或进站。

（五）预防措施

（1）行调、司机、站务应加强对站台门故障处置的培训。

（2）密切监控列车运行情况，并做好信息反馈工作。

（六）专家提示

（1）如何快速查找故障站台门？

（2）单个站台门故障和整侧站台门故障分别如何处理？

（七）风险分析

当发生站台门故障时，会导致列车无法收到速度码，使列车发生晚点现象。列车只能降级运行或将故障站台门隔离，如处置不当，会造成人车冲突等现象发生。

任务二　列车牵引故障导致救援

一、故障概况

1. 设备名称或类型

牵引故障。

2. 故障类型或现象

列车无牵引。

3. 故障影响范围

列车无法动车。

二、故障处理经过简介

（一）信息获得

某日某时，太平桥上行1110次（0117车）司机报："ATO模式无法动车，行调命令司机以ATP模式动车。"司机回复："ATP模式无法动车。"行调命令司机以NRM模式动车，司机回复："列车故障信息栏显示车厢电源盖打开，列车无法动车。"行调命令司机联系检调处理。

（二）前期故障判断及准备内容

（1）某日某时，太平桥上行1110次（0117车）司机报："ATO模式无法动车。"

（2）行调命令司机以ATP模式动车，司机回复："ATP模式无法动车。"

（3）行调命令司机以NRM模式动车，司机回复："列车故障信息栏显示车厢电源盖打开，列车无法动车。"行调命令司机联系检调处理。

（三）故障现象确认及初步判断

列车故障信息栏显示车厢电源盖打开，列车无法动车。

（四）故障实际查找过程及确认

供电人员查看设备，1 500 V设备开关状态正常，列车网压正常；检修部检查系车辆设备问题所导致。

（五）故障排除方法及结果

值班主任立即启动《列车救援应急预案》。
（1）通知故障车车清客，做好救援准备，并告知来车方向，通知车站配合清客。
（2）通知后续列车清客担当救援列车，通知车站配合清客。
（3）对全线列车进行调整，做好信息通报工作。
（4）准备救援列车进路，连挂完毕后通知行调，行调组织故障列车于就近存车线（段/场）退出服务。
（5）组织热备车上线替开故障车。

三、故障原因

初步判定为列车车厢电源盖打开，导致列车无法动车。

四、案例处理优化分析

（一）案例处理的优化解决方案

此次故障处置，各岗位处理较为合理。

（二）故障正确处理的方式方法及关键步骤

（1）通报各调及指导司机协助处理。
（2）通知后续列车执行扣车命令。
（3）通知故障车所在车站故障信息。
（4）在故障节点 2 min 时，询问司机能否动车。
（5）在故障节点 3 min 时，通知车辆段准备备用车。
（6）在故障节点 5 min 时，再次询问司机能否动车。不能动车，组织救援列车、故障车进行清客，通知车站协助清客。
（7）通知车站解锁相关辅助线道岔，为列车小交路折返做好准备。
（8）根据实际情况向车站通报预计 5 min、10 min、15 min 晚点信息。
（9）视情况调整列车运行，必要时组织部分列车小交路运行或退出服务，组织备用车上线替开故障车。
（10）救援列车清客完毕后，命令司机以 ATP 模式运行至"零"码处停车报行调。
（11）如 8 min 仍无法动车时，立即向故障车、救援列车、全线车站发布救援命令。
（12）救援结束后，调整行车间隔，恢复正常运行。

五、专家提示

（1）各岗位之间加强联系，做好救援的准备工作。
（2）各岗位应针对救援流程加强培训。

六、预防措施

（1）各相关部门应对救援有关人员加强业务培训。
（2）密切监视列车运行情况，并做好信息反馈工作。

任务三　接触网故障

一、故障概况

1. 设备名称或型号

接触网。

2. 故障类型或现象

运营时间，接触网停电。

3. 故障影响程度

在试运营期间，导致哈南站至学府路站中断行车。

二、故障处理经过简介

（一）信息获得

某日某时，电表厂主所西铁甲、乙线开关故障退出，导致哈南站至和学府路站上下行接触网停电，哈南站至和和兴路站 35 kV 环网失电。故障区域内列车司机报：列车 HMI 显示无网压。行调通知正线各次列车，哈南站至学府路站上下行接触网断电，区间各次列车能够维持进站的维持进站，不能维持进站的，在区间停车的列车依次向行调报告位置，并用广播安抚乘客。将下行开往学府路站的列车扣停在相应车站。通知各站停电情况，要求各站做好乘客安抚工作，并准备好防护措施，做进入区间疏散乘客准备。通知铁路局站解锁 D1001、D1002 道岔，做小交路折返准备。设调（操作）确认和兴路站 35 kV 环网联络开关 102A、102B 状态位置，并按现场指挥要求准备对哈南站至和兴路站 35 kV 一段环网进行送电。

（二）前期工作判断及准备内容

（1）某日某时，电表厂主所西铁甲、乙线开关故障退出，导致哈南站至和学府路站上下行接触网停电，哈南站至和兴路站 35 kV 环网失电。
（2）行调与设调（操作）确认，为哈南站至和兴路站 35 kV 环网失电。
（3）行调对全线列车进行调整，安排专业人员对现场进行查看。

（三）故障现象确认及初步判断

故障区域内列车司机报：列车 HMI 显示无网压。初步判断为接触网停电所致。

（四）故障实际查找过程及确认

设调（操作）通过 SCADA 系统观察，哈南站至学府路站上下行接触网停电，立即通知供电部人员查找原因。

（五）故障排除方法

值班主任立即启动《正线大面积停电应急预案》。

（1）行调通知正线各次列车，哈南站至学府路站上下行接触网断电，有惰性条件的列车可惰性进站，如不能进站，则原地待令。

（2）采用铁路局渡线小交路折返，并继续调整列车运行。

（3）供电专业抢修人员到达现场后。行调配合组织接触网专业人员排查故障。

三、原因分析

电表厂主所西铁甲、乙线开关故障退出，导致哈南站至学府路站上下行接触网停电，哈南站至和兴路站 35 kV 环网失电。

四、案例处理优化分析

（一）案例处理的优化解决方案

此次故障处置，工作人员处置较为稳妥。

（二）故障正确处理方式方法及关键步骤

（1）报值班主任及各调度，扣停开往受影响区段的列车。

（2）行调通知全线司机故障情况及留意网压显示，发现低于 1 200 V 时报告行调，如列车无网压时，尽量惰行进站。

（3）通报相关车站，做好车站巡视工作和事故照明设备运行的监控工作。

（4）遇部分车站变电所及接触网失电时，则按值班主任决定的方案组织行车。并通知各站做好乘客服务工作。

（5）通知场调准备备用车及工程车，随时做好救援准备。

（6）遇全线车站变电所及接触网失电且短时间内无法恢复供电时，通知全线车站和司机做好乘客疏散的准备工作。

（7）若列车被迫停于区间且时间较长情况下，组织故障区域列车降弓待令，通知司机及相关车站配合进行疏散。

（8）如果全线车站变电所及接触网短时间内无法恢复送电，根据上级相关领导批准后，可发布中断运营服务的命令。

（9）跟进故障处理情况，监控正线列车及车站，协调配合相关调度处理。

（10）若故障恢复，则做好恢复送电的准备工作，及时调整正线列车运行。

五、专家提示

（1）遇正线大面积列车运行时分偏离列车运行图，行调向全线司机、车站通报运行信息，视情况采用小交路及单线双方向运行，必要时启动公交接驳预案。

（2）各岗位之间加强联系，随时做好临时封站及恢复运营的准备工作。

六、预防措施

密切监视列车运行情况，并做好信息反馈工作。

任务四　车站失电处置

一、故障概况

1. 故障范围

车站站内设备全部失电。

2. 故障类型或现象

运营时间，黑龙江大学站全站失电，接触网带电。

3. 故障影响程度

在运营期间，导致黑龙江大学站关站。

二、故障处理经过简介

（一）信息获得

某日某时，黑龙江大学站 35 kV 两路进线失电，造成黑龙江大学站全所失压，一、二、三级负荷全部停电，相应设备的应急电源启动。行调及时通知车站做好乘客服务，通知上下行列车运行至黑龙江大学站不停站通过，监控列车网压状态。询问设调（操作）短时无法恢复。通知领导故障情况，申请黑龙江大学站关站，得到关站的允许后，通知黑龙江大学站关站，做好乘客的安抚工作。

（二）前期工作判断及准备内容

(1) 某日某时，黑龙江大学站 35 kV 两路进线失电，造成黑龙江大学站全所失压。
(2) 行调与设调（操作）确认，黑龙江大学站 35 kV 两路进线失电，预计短时无法恢复，接触网供电正常。
(3) 行调对全线列车进行调整，安排专业人员对现场进行查看。

（三）故障现象确认及初步判断

故障车站报：黑龙江大学站内所有设备失电，应急照明自动开启。

（四）故障实际查找过程及确认

设调（操作）通过 SCADA 系统观察，黑龙江大学站 35 kV 两路进线失电，造成黑龙江大学站全所失压，立即通知供电部人员查找原因。

（五）故障排除方法

值班主任立即启动《车站停电应急预案》。
(1) 行调通知正线各次列车，黑龙江大学站全站失电，各次列车运行至黑龙江大学站上下行不停站通过，做好乘客服务工作。
(2) 黑龙江大学站关站，列车随时监控接触网网压情况，有异常及时上报。
(3) 供电专业抢修人员到达现场后。行调配合专业人员排查故障。

三、原因分析

黑龙江大学站 35 kV 两路进线失电，造成黑龙江大学站全所失压，黑龙江大学站除应急电源以外的所有设备全部失电。

四、案例处理优化分析

（一）案例处理的优化解决方案

此次故障处置，工作人员处置得较为稳妥。

（二）故障正确处理方式方法及关键步骤

(1) 报值班主任及各调度，扣停开往受影响区段的列车。
(2) 行调通知全线司机故障情况及留意网压显示，各次列车运行至黑龙江大学站上下行不停站通过，做好乘客服务工作。
(3) 通报黑龙江大学站，做好关站及乘客的安抚工作。
(4) 遇部分车站变电所及接触网失电时，则按值班主任决定的方案组织行车。并通知各站做好乘客服务工作。
(5) 跟进故障处理情况，监控正线列车及车站，协调配合相关调度处理。
(6) 若故障恢复，则做好恢复送电的准备工作，及时调整正线列车运行。

五、专家提示

（1）遇车站失电时，行调向全线司机、车站通报相关信息，情况采用越站运行，必要时启动公交接驳预案。

（2）各岗位之间加强联系，随时做好临时关站及恢复运营的准备工作。

六、预防措施

密切监视设备运行情况，并做好信息反馈工作。

任务五　常见电客车故障处理

一、MCM（牵引逆变器）故障

MCM 显示灰色即不工作，显示红色即为故障提示。

行调向司机了解具体情况报告值班主任、设调（维修）、检调协助司机处理。

如果 1 个 MCM 显红，通知司机按规定处理，若故障恢复，列车维持运行，若未恢复，将其切除，维持运营，或转为热备车。

如果 2 个 MCM 显红，通知司机按规定处理，若不能恢复则运行到终点后退出服务，若恢复，建议转为热备车，通知相关人员上车检查。

若 3 个 MCM 显红，通知司机按规定处理，若不能恢复则列车在就近站清客，退出运营，若恢复，建议转为热备车，通知相关人员上车检查。

若 4 个 MCM 显红，通知司机按规定处理，若不能恢复且无法动车，立即清客组织救援，若恢复，建议转为热备车，通知相关人员上车检查。

行调注意调整列车间隔。根据列车运行情况组织备用车上线调整运行。

二、制动系统故障

一个 EPAC2 显红如制动可缓解，无须限速，维持全天运营。如伴随制动不缓解，需到客室内切除相应转向架，限速 75 km/h，维持全天运营。

两个 EPAC2 显红如制动可缓解，无须限速，技术能力可维持全天运营，但建议运行到终点后主动申请退出服务。如伴随制动不缓解，需到客室内切除相应转向架，限速 60 km/h，运行到终点后主动申请退出服务。

三个及以上 EPAC2 显红如制动可缓解，无须限速，到就近站清客，退出运营。如伴随制动不缓解，需到客室内切除相应转向架，限速 45 km/h，到就近站清客后主动申请退出服务。

三、ACM（辅助系统）故障

ACM 显灰参照显红处理。

升弓状态下，1 个 ACM 图标状态显红。

维持当天运营，电暖半开。终点站停车进行主复位，如故障不能恢复，重新升降弓。

升弓状态下，2 个 ACM 图标状态显红。

就近站停车进行主复位，如故障不能恢复，重新升降弓。如故障不能恢复，电热全关，维持到终点主动申请退出服务。

升弓状态下，3 个 ACM 图标状态显红

停车进行主复位，如故障不能恢复，重新升降弓。如故障不能恢复，尝试使用备用模式动车，如故障仍不能恢复，主动申请救援。

1 个 ACM 图标状态显红。

进行主复位，若故障依旧，继续运营。

2 个 ACM 图标状态显红。

进行主复位，如故障未恢复，完成单程运营至终点，主动申请退出服务。

模块训练

班组：　　　　　　　　姓名：　　　　　　　　训练时间：

任务训练单	故障应急处置
任务目标	熟悉设备功能，掌握设备故障处置流程，能对故障进行判断、处置
任务训练	请从下列任务中选择其中两个进行训练：联锁故障、处置数据通信系统故障、处置道岔故障、处置站台门故障、处置牵引故障、处置接触网故障

任务训练一：
（说明：总结作业流程，并在指挥中心大厅进行实操训练或者上机完成实操训练）

任务训练二：
（说明：总结作业流程，并在指挥中心大厅进行实操训练或者上机完成实操训练）

任务训练的其他说明或建议：

指导老师评语：

任务完成人签字：　　　　　　　　日期：　　年　　月　　日

指导老师签字：　　　　　　　　　日期：　　年　　月　　日

 模块小结

本模块讲述了信号类故障、车辆类故障、供电类故障处置流程。要掌握这些处置流程，首先应掌握各个故障现象，根据现象和相关人员汇报内容对故障进行判断，制定故障处置流程和行车组织方案，根据故障处置进度及时调整全线列车运行。本章节培训时长：5 课时。

 模块自测

一、填空题

1. 终点站道岔故障时在信号设备上对故障道岔（　　　　），如不能恢复，组织车站人员下线路（　　　　）。

2. 列车发生故障，如（　　　　）min 仍无法动车时，立即向相关单位发布救援命令。

3. 终点站道岔故障时任命（　　　　）为事故处理主任。

4. 在故障节点 5 min 时，再次询问司机能否动车。不能动车，组织救援列车、故障车进行（　　　　）。

5. 终点站道岔故障时若有其他进路，则优先选择（　　　　）组织行车。

二、选择题

1. 原则上道岔故障后的首列车的接发工作由（　　　）行调组织。
   A. 行调　　　　　　　　　　　　B. 道岔车站值班员
   C. 联锁站值班员　　　　　　　　D. 值班主任

2. 行调接到司机列车紧急制动的报告后，应立即向司机了解（　　　）显示状态、车辆状态，根据其显示及车辆状态判断故障情况，发布调度命令，组织行车。
   A. HMI　　　　B. ATS　　　　C. 车载　　　　D. DMI

3. 客车的故障处理时间原则上为（　　　）min，如仍不能动车时，由值班主任确定处理办法，当决定救援时，司机做好救援的防护连挂工作。
   A. 3 min　　　　B. 5 min　　　　C. 8 min　　　　D. 10 min

4. 下列说法错误的是（　　　）
   A. 道岔出现故障后，首先由行调对故障道岔进行单操两个来回确认是否能够恢复；有岔站行车值班员发现道岔故障时，在向行调报告的同时，也要通知车站值班站长做好准备下线路手摇道岔人工准备进路的工作。
   B. 原则上道岔故障后的首列车的接发工作由行调组织，待列车秩序恢复后，可将办理进路权下放至相关联锁站，由联锁站根据行调的命令进行排列列车进路。

C. 确认故障道岔无法恢复，必须下线路手摇道岔人工准备进路时，行调立即任命有岔站值班站长为事故处理主任，并将办理进路的控制权限下放至联锁站，由联锁站行车值班员根据行调的命令组织相关人员下线路手摇道岔人工准备进路。

D. 对于运营期间是否可以对故障道岔进行维修，车站及相关专业人员必须及时汇报现场故障情况，得到行调准许后，方可进行故障维修。

5. 救援列车清客完毕后，命令司机以（　　　）运行至"零"码处停车报行调。

A. ATO 模式　　　　B. ATP 模式　　　　C. RM 模式　　　　D. NRM 模式

三、判断题

1. 原则上道岔故障后的首列车的接发工作由行调组织，待列车秩序恢复后，可将办理进路权下放至相关联锁站，由联锁站根据行调的命令进行排列列车进路。（　　）

2. 在故障节点 5 min 时，再次询问司机能否动车。不能动车，组织救援列车、故障车进行清客，通知车站协助清客。（　　）

3. 确认故障道岔无法恢复，必须下线路手摇道岔人工准备进路时，行调立即任命有岔站值班站长为事故处理主任，并将办理进路的控制权限下放至联锁站，由联锁站行车值班员根据行调的命令组织相关人员下线路手摇道岔人工准备进路。（　　）

4. 对于运营期间是否可以对故障道岔进行维修，车站及相关专业人员必须及时汇报现场故障情况，工班人员到达现场后，立即进行故障维修。（　　）

5. 如果全线车站变电所及接触网短时间内无法恢复送电，根据上级相关领导批准后，可发布中断运营服务的命令。（　　）

四、简答题

1. 简述道岔故障处置关键步骤。
2. 简述站台门故障处置关键步骤。

模块六 突发事件（事故）处理

任务一 大雾、雾霾应急处理

一、事件概况

1. 事件类型

突发事件（自然灾害类）。

2. 事件描述

0101 次（0111 车）司机报：列车运行至哈达下行进站发现区间雾较大，能见度不足 50 m，行调通知列车限速通过该区域，立即将该情况报告值班主任及指挥中心各调度，值班主任通知各调度启动《大雾天气应急预案》。

二、事件处理流程

（1）收到气象台发布大雾、雾霾预警信号后，向各部门下达启动大雾、雾霾预案的命令。

（2）行调通知车站和车场调度，根据现场情况开启站厅、站台、区间照明。

（3）通知车站、司机做好大客流预想，防止夹人夹物动车。

（4）设调（操作）通知车站加强对气体灭火系统的监控。

（5）行调向全线发布相关的运营服务信息。通知受到相关影响的车站做好乘客服务工作。

（6）通知相关分部人员加强地面路段设备、设施的巡视。能见度小于 30 m 的线路地段，可组织列车限速运行，列车限速运行时，应采用手动驾驶。如遇因雾霾导致车站、车辆段烟感报警设备联动，及时通知车站人员做好乘客的安抚工作，并通知生产调度检查设备情况及时恢复设备正常运行。

（7）了解大雾、雾霾情况，注意监控车站、列车的运行状态。

（8）若发现或接报险情，及时通知各部门，根据情况要求派出抢险队，做好配合工作。

（9）预警信号解除后，及时通知各部门，要求检查相关设备，恢复正常运营。

三、事件处理优化分析

（一）原因分析

城市轨道交通设施设备受自然灾害性恶劣天气影响较大，如处置不当，会对正常安全生产运营带来严重后果。

（二）优化解决方案

作为行调要加强对应急处置预案的学习，当发生自然灾害性恶劣天气时，要及时汇报并冷静处理，及时对行车进行调整，减小对运营的影响。

四、专家提示

（1）根据冬季特性增加一些针对性演练计划。

（2）当班行调要分工明确，各司其职，形成默契，并且在关键节点互控，确保行车安全。

五、预防措施

（1）提早做好恶劣天气预警工作。

（2）加强对OCC应急处置学习，能按照相关要求完成作业内容。

（3）提前做好应急预想，班前会与其他各专业调度交流探讨。

（4）加强针对性演练，提高行调应急处置能力。

任务二　大雪、暴雪应急处理流程

一、事件概况

1. 事件类型

突发事件（自然灾害类）。

2. 事件描述

1401次（0108车）司机报：列车运行至转换轨Ⅱ道，发现出段线库门口积雪较大，列车无法通行，行调通知列车原地待令，立即将该情况报告值班主任及指挥中心各调度，值班主任通知各调度启动《暴雪天气应急预案》。

二、事件处理流程

（1）收到气象台发布红色暴雪预警信号时，向各调度下达让其执行大雪、暴雪应急处理程序的命令。

（2）通知各扫雪队伍赶赴现场，落实扫雪人数。

（3）组织正线区段的列车正常运营。

（4）向全线发布相关的运营服务信息。通知相关车站做好乘客服务工作。

（5）了解车站口、隧道口积雪情况并及时报告值班主任和有关部门。

（6）雪情影响列车出入库时，及时调整列车的出入库计划，将入库列车放入存车线或折返线。

（7）运营结束后，原则上可安排电客车不回段入库，直接投入第二天运营。原则上停放的列车不得影响工程车运行进路及其他线路施工作业。通知设调（维修）调整施工作业，对行车设备进行巡视、检查；通知检调派人对不回车场的列车进行检修。

三、事件处理优化分析

（一）原因分析

城市轨道交通设施设备受自然灾害性恶劣天气影响较大，如处置不当，会对正常安全生产运营带来严重后果。

（二）优化解决方案

作为行调要加强对应急处置预案的学习，当发生自然灾害性恶劣天气时，要及时汇报冷静处理，及时对行车进行调整，减小对运营的影响。

四、专家提示

（1）根据冬季特性增加一些针对性演练计划。

（2）当班行调要分工明确，各司其职，形成默契，并且在关键节点互控，确保行车安全。

五、预防措施

（1）提早做好恶劣天气预警工作。

（2）加强对OCC应急处置学习，能按照相关要求完成作业内容。

（3）提前做好应急预想，班前会与其他各专业调度交流探讨。

（4）加强针对性演练，提高行调应急处置能力。

任务三　列车毒气袭击应急处理流程

一、事件概况

1. 事件类型

突发事件（反恐类）。

2. 事件描述

黑龙江大学站报车站保安及站务人员在上行尾端处闻到刺激性气味，气味很大，类似煤气味道。当班调度接报后发现1110次列车即将进入黑大上行站台。行调第一时间呼叫1110次列车立即改为ATP模式，限速不停站通过黑龙江大学上行站台，并立即将情况报告值班主任及各调度。对上下行列车在邻站进行扣车后，及时组织开展对该气体的应急处理。

二、事件处理流程

（1）接报列车受毒气袭击的信息后，立即了解毒气释放地点、情况及初步人员伤亡情况，并封闭车站，报告行调，严禁人员进入，疏散车站人员。
（2）报值班主任及各调度。
（3）通知受袭车站安排人员在车站紧急出入口处引导救护人员。
（4）通知列车越站通过。
（5）如果列车受袭，可维持进站，开门紧急疏散乘客并封站。按值班主任要求组织列车运行。
（6）扣停后续及邻线的列车，并提醒司机做好乘客广播工作。
（7）通知现场维修人员做好防毒、疏散工作。不断收集毒气袭击的信息和变化情况，继续通报指挥中心。
（8）根据现场实际情况及相关专业人员要求启动相应风机。
（9）督促相关车站电话报告"120""119"及"110"。
（10）事件处理结束后，恢复正常运营，调整列车运行。
（11）在具备运行条件的区段，组织列车小交路运行，调整列车运行秩序。

三、事件处理优化分析

（一）原因分析

城市轨道交通车站是人群密集场所，发生毒气泄漏处置不当会对正常安全生产运营带来严重后果。

（二）优化解决方案

作为行调要加强对《毒气袭击事件应急处理程序》的学习。当发生毒气泄漏时，要及时汇报，冷静处理，及时对人员进行疏散并对事故发生处进行封锁，同时对行车进行调整，减小对运营的影响。

四、专家提示

（1）遇到毒气泄漏时，从安全角度进行考虑，将后续列车扣在离毒气泄漏点相距两个站的车站，而非邻站，这样更加合理。

（2）通过类似演练，使行调在处理突发性故障时，养成安全第一、统筹全局的观念。第一时间将后续列车及时扣停，防止故障发生后事态影响进一步扩大，同时对其他列车采用多停、限速、并及时做好小交路运营调整。

（3）根据现场实际情况及相关专业人员要求启动相应风机时，需谨慎操作，防止事故扩大。

五、预防措施

（1）提早做好安全预想。

（2）加强班组对反恐类案例的学习，提高自身业务水平。

（2）加强针对性演练，提高行调应急处置能力。

任务四　车站站台火灾处理流程

一、事件概况

1. 发生地点

哈达站。

2. 事件类型

突发事件（火灾事故）。

3. 事件描述

哈达站行值报行调哈达站站台发生火灾。

二、案例处置过程

（一）事件描述

某日某时，哈达站行值报行调哈达站站台发生火灾。行调询问着火地点、火势及伤亡情况报值班主任及各调度。行调立即扣停后续列车及邻线列车。行调通知火灾车站组织紧急疏散乘客，并报相关单位。通报车站列车不停站通过。因灭火需要组织 1A1、1B1 区域停电。行调通知停电区域列车降弓待令，组织该区域进行停电。行调跟进车站火灾处理情况，通知车站做好乘客服务工作。

（二）事件处理过程

（1）哈达站行值报行调哈达站站台发生火灾。
（2）行调询问着火地点、火势及伤亡情况报值班主任及各调度。
（3）行调立即扣停后续列车及邻线列车，如来不及扣停列车，组织上下行列车不停站通过火灾车站。
（4）行调通知火灾车站组织紧急疏散乘客，并报相关单位。通报车站列车不停站通过。
（5）因灭火需要组织 1A1、1B1 区域停电。行调通知停电区域列车降弓待令，组织该区域进行停电。
（6）行调跟进车站火灾处理情况，通知停电区域各站做好停电准备，车站做好乘客服务。组织火灾区域外列车小交路运行，调整列车间隔，发布列车扣车命令。
（7）行调跟进现场疏散情况。
（8）哈达站行值报现场火灾已扑灭。
（9）行调组织 1A1、1B1 区域送电，通知故障区域各次列车做好准备。
（10）行调通知设调（操）1A1、1B1 区域送电，并通知车站确认线路出清。
（11）行调确认已送电，通知故障区域列车升弓并投入载客服务。
（12）根据领导要求，行调通知相关车站做好投入运营服务的工作。
（13）行调呼叫后续列车注意观察故障区域线路情况。取消前发扣车命令、小交路折返命令。恢复正常运行。

三、事件处理优化分析

（一）原因分析

1 号线哈达站站台发生火灾。

（二）优化解决方案

作为行调要加强对应急处置预案学习，加强当值各行调之间的默契配合程度。当发生火灾事故时，要及时汇报，冷静处理，及时疏散乘客并对列车进行调整，将人员和设施设备的损失降到最低程度。

四、专家提示

（1）加强演练实操训练，要有针对性。
（2）当班行调要分工明确，各司其职，形成默契，并且在关键节点互控，确保行车安全。

五、预防措施

（1）班前会要充分做好突发事件的处置预想。
（2）加强员工对《OCC应急处置程序》的学习，能按照相关要求完成作业内容。
（3）提前做好应急处置预想，班前会与其他各调度交流讨论。
（4）加强针对性演练，提高行调应急处置能力。

任务五　列车火灾（迫停区间）处理流程

一、事件概况

1. 发生地点

理工大学。

2. 事件类型

突发事件（火灾事故）。

3. 事件描述

0412次（0102车）司机报行调列车运行至理工大学上行进站前200 m发生火灾。

二、案例处置过程

（一）事件描述

某日某时，0412次（0102车）司机报行调列车运行至理工大学上行进站前200 m发生火灾。行调询问着火地点、火势及伤亡情况报值班主任及各调度。行调立即扣停后续列车及邻线列车。立即扣停后续列车，对相关列车发布各站多停、限速、终点站晚发等命令，通知车场调度准备备用车，根据值班主任要求，做好非故障区段列车的运行间隔调整工作。

（二）事件处理过程

（1）0412次（0102车）司机报行调列车运行至理工大学上行进站前200 m发生火灾。
（2）行调立即向司机了解火灾的着火点、火情及伤亡情况。报告值班主任及指挥中心各调度。
（3）立即扣停后续列车，通报各站，调整列车运行。如列车能够行驶到达前方车站，则按"列车在车站发生火灾"应急处理程序进行处理。
（4）如列车不能够行驶到达前方车站，则组织隧道清客：
① 若火灾发生在客车A车车头，则通知司机组织乘客向火灾发生位置的另一端进行疏散。
② 若火灾发生在列车中部，则通知司机组织乘客向两端疏散。
③ 疏散时通知相邻两站值班站长派人引导乘客进站。

④ 扣停开往疏散区域的邻线列车。

⑤ 通知车场调度。并做好备用车上线替开火灾列车的准备及对火灾列车的救援准备工作。

⑥ 因灭火需要组织 1A2 区域停电。行调通知在 1A2 区待令的列车清客降弓，施加停放制动原地待令。组织该区域进行停电。

⑦ 行调跟进列车火灾处理情况，通知停电区域各站做好停电准备，车站做好乘客服务。组织火灾区域外列车小交路运行，调整列车间隔，发布列车扣车命令。

⑧ 行调跟进现场疏散情况。疏散完毕后跟进现场处理情况，火灾扑灭后通知车站人员执行线路出清程序。

⑨ 行调组织 1A2 区域送电，通知故障区域各次列车做好准备。

⑩ 行调通知设调（操作）1A2 区域送电，送电完毕后通知各站。

⑪ 行调确认已送电，通知故障区域列车升弓投入载客服务。若列车可自行动车则组织列车运行至学府路存车线待令，若无法动车则组织电客车进行救援。

⑫ 行调呼叫后续列车注意观察故障区域线路情况。取消前发扣车命令、小交路折返命令。向全线各站及各次列车发布相关信息，恢复正常运行。

三、事件处理优化分析

（一）原因分析

0412 次（0102 车）列车运行过程中发生火灾迫停区间。

（二）优化解决方案

作为行调要加强对应急处置预案学习，加强当值各行调之间的默契配合程度。当发生火灾事故时，要及时汇报，冷静处理，及时疏散乘客并对列车进行调整，将人员设施设备损失降到最低程度。

四、专家提示

（1）加强演练实操训练，要有针对性。
（2）当班行调要分工明确，各司其职，形成默契，并且在关键节点互控，确保行车安全。

五、预防措施

（1）班前会要充分做好突发事件处置预想。
（2）加强对《应急处理程序》的学习，能按照相关要求完成作业内容。
（3）提前做好应急处置预想，班前会与其他各调度交路讨论。
（4）加强针对性演练，提高行调应急处置能力。

任务六　列车脱轨、倾覆应急处理程序

一、事件概况

1. 事发地点

哈南站。

2. 事件类型

突发事件（突发事件行车类）。

3. 事件描述

0122 次列车运行至 D0103 号道岔发生挤岔脱轨。行调发现 HMI 上 D0103 号道岔显示挤岔报警。

二、处理流程

（1）立即报告行调，确定列车脱轨地点、车次和车底号、脱轨轮对。了解事故列车载客量和人员伤亡情况，并组织清客，救助和疏散人员到安全处所，同时通知值班主任及各调度。扣停开往受影响区域的列车，对已进入区间的列车，车站封锁后组织其退回发车站。处理过程中与设调（操作）加强联系。通知相关部门准备起复工作，车辆段/场派救援起复车辆带好工器具赶往现场。

（2）通知脱轨列车降弓待令并组织相关区域停电。

（3）确认停电后，通知脱轨列车司机待车站人员到达后协助进行疏散乘客。

（4）通知两端车站做好区间疏散乘客的准备。

（5）发布多停晚发限速命令。

（6）如列车在隧道内时间较长，通知设调（操作）进行送风。

（7）组织小交路折返，调整列车间隔。

（8）向车站、司机发布小交路折返和单线双向运行命令及路径。

（9）通知车辆段/场准备备用车，组织相关列车退出服务。

（10）跟进车站疏散情况。

（11）跟进列车救援起复工作。

（12）起复作业完毕后，准备工程列车或将一列车清客后派往救援，至就近存车线，可待运营结束后再安排事故列车回段/场抢修。

三、事件处理优化分析

（一）原因分析

0122 次列车在 D0103 道岔发生挤岔，由于车速过快导致列车伴随脱轨。

（二）优化解决方案

面对突发事件时要沉着冷静，及时了解现场人员设施设备损失情况，坚决执行"先通后复"的原则。

四、专家提示

（1）加强实操演练，细化演练计划。
（2）重点卡控抢险现场安全，行调、设调（操作）之间应配合默契。
（3）尽量优化行车调整，将事件影响尽可能降低。

五、预防措施

（1）班前要充分做好应急处置预想。
（2）加强对《应急处理程序》的学习，能按照相关要求完成作业内容。
（3）演练中强化细节方面的处理。
（4）加强对生产作业中安全卡控点的学习。

任务七 人员误进轨行区应急处理程序

一、事件概况

1. 事发地点

和兴路站。

2. 事件类型

突发事件（突发事件行车类）。

3. 事件描述

和兴路站报下行站台有人员进入隧道，0318次（0119车）列车运行至和兴路下行进站前300 m发现不明人员。

二、处理流程

（1）有人非法进入隧道时，立即将情况报告值班主任。如客车已进入该区间，立即通知上下行司机ATP模式限速25 km/h运行，加强瞭望，如客车仍没有进入该区间，行调立即扣停开往该区间的上下行客车在两端站待令。

（2）立即通知车站派人把守区间两端，同时通知两端站立即派两名护卫上车（有公安人员在车站时，要求车站立即通知其上车协助）。

（3）确认护卫或公安人员上车后，通知上下行司机 ATP 模式限速 25 km/h 运行。如该车在隧道发现进入隧道人员，通知司机停车打开驾驶室门，护卫或公安人员下车抓人，要求司机做好广播，抓到非法进入隧道的人员后，护卫或公安押解经驾驶室进入客室，到达下一站下车。

（4）如第一列限速客车没有发现进入隧道人员，行调通知车站继续准备护卫或公安人员上后续第二列车，ATP 模式限速 25 km/h 运行。如仍没有发现，继续通知车站准备护卫或公安人员上后续第三列车，ATP 模式限速 45 km/h 运行。

（5）如上述列车均没有发现有进入隧道的人员，后续各次列车恢复正常模式运营，组织公安人员和护卫进入区间泵房进行搜查，并通知两端站派人把守隧道口。

（6）运营结束后，根据指令组织相关人员进入该隧道搜查。

（7）如果客车停车时越过进入隧道人员，如司机确认撞上进入隧道人员时，停车待令，行调通知前方或后方站派人协助公安人员进入隧道处理，事故处理完毕，经公安人员同意后，指挥列车前往下站。如司机不能确认是否撞上进入隧道人员时，指挥司机 ATP 模式限速 25 km/h 前往下一站。通知后方车站派工作人员和公安人员登乘后续客车，后续客车清客 ATP 模式以限速 25 km/h 进入该区间，发现可疑人员后，带到前方车站，如可疑人员受伤或死亡，及时报"120"。待公安人员调查取证完毕后，出清线路，恢复正常行车。

三、事件处理优化分析

（一）原因分析

和兴路下行站台头端门未关闭，造成乘客进入非运营区域。

（二）优化解决方案

车站要做好对端门的把控，在运营期间严禁端门处于开启状态，如需开启时，需人员把守，并及时关闭。当发生同类故障时，各调度立即按相应的处理程序执行，实施"先救人，救人与处理事故同步"进行的原则。

四、专家提示

（1）加强实操演练，细化演练计划。
（2）及时提醒司机限速运行，或及时扣停列车，实施"先保障人身安全"的原则。
（3）尽量优化行车调整，将事件影响尽可能降低。

五、预防措施

（1）班前要充分做好应急处置预想。
（2）加强对《应急处理程序》的学习，能按照相关要求完成作业内容。
（3）演练中强化细节方面的处理。
（4）加强对生产作业中安全卡控点的学习。

任务八　区间水淹应急处理程序

一、事件概况

1. 事发地点

和兴路站。

2. 事件类型

突发事件。

3. 事件描述

司机报：和兴路站下行出站 200 m 处，区间发现积水，水量较大，有明显上涨趋势。

二、处理流程

（1）接报告后，指挥中心立即启动区间水淹应急处理程序。
（2）向全线发布相关的运营服务信息，通知相关影响的车站做好乘客服务工作。
（3）不间断监控设备运行状态，确保各系统运行正常，及时查看各类报警信息，如发现问题，及时通知专业人员处理。
（4）随时跟进现场情况和列车运营状况，通报相关部门。
（5）通知全线司机加强瞭望，注意观察线路状况。
① 若水淹到钢轨底部时，且轨道区段显示红光带时，行调应组织隧道内列车 RM 模式经过该区段；若轨道区段红光带影响道岔转动时，第一时间组织人员下线路手摇道岔，并加装钩锁器；
② 如果水位已到钢轨顶部，则需通知司机限速 15 km/h 运行；
③ 当水已淹过轨面，司机无法判断是否影响行车或明确列车无法通过时，行调组织列车后退回车站，行调立即扣停后续列车，确认后续进路空闲；则需中断该影响区段的运营，组织小交路运行。
（6）若发现或接报险情，及时通知各部门，根据情况要求派出抢险队，做好配合工作。必要时通知电调停止该区段接触网供电。
（7）视情况调整运行方案，组织小交路运行。
（8）区间积水抢修完毕，及时通知各部门，要求检查相关设备，恢复正常运营。

三、事件处理优化分析

（一）原因分析

和兴路区间水管爆裂，导致区间积水。

（二）优化解决方案

工班人员加强日常巡查工作，排查隐患点。

四、专家提示

（1）加强实操演练，细化演练计划。
（2）及时提醒司机限速运行，或及时扣停列车，做到先保障人身安全的原则。
（3）尽量优化行车调整，将事件影响尽可能地降低。

五、预防措施

（1）班前要充分做好应急处置预想。
（2）加强对《应急处理程序》的学习，能按照相关要求完成作业内容。
（3）演练中强化细节方面处理。
（4）加强对生产作业中安全卡控点的学习。

任务九　接触网异物缠绕应急处理程序

一、事件概况

1. 事发地点

哈达下行出站 100 m 处。

2. 事件类型

突发事件（突发事件行车类）。

3. 事件描述

司机报列车运行至哈达下行出站 100 m 处发现接触网上有塑料袋缠绕。

二、处理流程

（1）接到接触网（轨）附近有异物的报告后，立即扣停后续列车，通知车站值班站长担任事故处理主任并赶赴现场。
（2）维调立即通知变电工班人员和接触网人员迅速到达事故现场，做好抢修准备。
（3）指挥中心及时将故障情况通知相关领导，跟进故障的处理进度并及时上报。
（4）若列车能在异物前停车的，异物与接触网缠在一起的或异物为金属材料且侵限的，通知司机待令，并通知事故处理主任，组织相关人员前往事发地处理。

（5）若异物与接触网没有缠在一起的，且异物明显为非金属材料的，在专业人员未到之前，期间列车经过该异物时，可通过降前弓，降后弓的方式，限速 5 km/h 通过。

（6）若列车部分越过异物（判断前端受电弓已越过异物），且网压显示正常的，通知司机降下后端的受电弓，限速 5 km/h 通过，并密切监控列车状态。

（7）若列车已越过异物，网压显示不正常的或有其他异常情况的，通知司机降弓、停车待令。

（8）如果异物缠住接触网需停电处理时，行调通知电调停电，待专业人员到达现场后，由专业人员负责处理异物，并听从事故处理主任的指挥。

（9）事件处理结束后，调整行车间隔，恢复正常运营。

三、事件处理优化分析

（一）原因分析

因轨行区内有塑料袋，列车经过时，塑料袋被缠绕在接触网上。

（二）优化解决方案

要及时清理隧道内垃圾，施工作业完毕后，需进行人员工器具出清工作。工班人员加强巡检，做到有异物及时处理，避免安全隐患的发生。

四、专家提示

（1）加强实操演练，细化演练计划。
（2）及时提醒司机降单弓时要限速运行，或及时扣停列车，遵守"先保障人身安全"的原则。
（3）尽量优化行车调整，将事件影响尽可能降低。

五、预防措施

（1）班前要充分做好应急处置预想。
（2）加强对《应急处理程序》的学习，能按照相关要求完成作业内容。
（3）演练中强化细节方面的处理。
（4）对生产作业中安全卡控点加强学习。

模块训练

班组：　　　　　　　　姓名：　　　　　　　　训练时间：

任务训练单	突发事件（事故）处理
任务目标	熟悉掌握各类故障应急处理程序，能够处理中心突发事件（事故）状态下的故障处理，行车调整和信息通报
任务训练	请从下列任务中选择其中两个进行训练：大雾、雾霾应急处理、列车毒气袭击应急处理、车站站台火灾处理、列车脱轨、倾覆应急处理
任务训练一： （说明：总结作业流程，并在指挥中心大厅进行实操训练或者上机完成实操训练）	
任务训练二： （说明：总结作业流程，并在指挥中心大厅进行实操训练或者上机完成实操训练）	
任务训练的其他说明或建议：	
指导老师评语：	
任务完成人签字：　　　　　　　　　　日期：　　年　　月　　日 指导老师签字：　　　　　　　　　　　日期：　　年　　月　　日	

 模块小结

　　突发事件（事故）处理是行调工作的重点和难点，突发事件（事故）的特点是事出突然，预判较为困难，有些事件（事故）甚至在行调的整个职业生涯都难以遇见。本模块知识内容不同于简单的设备操作，也难以让学生通过书本知识的直接阅读来学习，需要行调在各个阶段通过反复阅读并学习公司各类规章制度和经常参与各类桌面演练或实操应急演练来提高。设备正常、天气良好，没有其他外界干扰的情况下，行调只需负责监控大屏和运行图，突发事件（事故）来临，行调的重要作用须充分发挥。养兵千日用兵一时，希望所有行调都能不断提高自身的应急处置能力，全力保障轨道交通的顺利运营，坚守自己的岗位，发挥出人生的价值。本模块培训时长：7课时。

 模块自测

一、简答题

1. 简述大雾、雾霾应急处理程序。
2. 简述发生列车毒气袭击应急处理流程。
3. 简述车站站台火灾处理流程。
4. 简述列车脱轨、倾覆应急处理程序。

第二篇　车场调度员篇

模块七　车场组调度岗位通用知识

案例导学

小安刚刚毕业分配到车场调度员工作，在第一天上班跟随师傅学习过程中发现师傅让他了解各种不同的知识，在小安的印象中，到岗后应该就可以直接上班了，小安为此问了师傅，师傅告诉小安，车场调度员会涉及很多方面的知识，只有掌握了这些知识，把基本功练扎实，才能成为一名合格的车场调度员。

那么，小安应该了解哪些知识？又该如何打牢自己的基础呢？

学习目标

1. 了解正线与太平桥车辆段的分界。
2. 了解电客车出入车辆段/停车场的组织。
3. 了解行车组织基本原则。
4. 了解太平桥车辆段概况。
5. 了解技术设备。
6. 了解行车组织工作。
7. 了解调车作业。
8. 了解车辆调试作业。
9. 了解施工计划的制定程序。
10. 了解施工进场作业令。
11. 了解施工安全管理。
12. 了解施工时间的安排。
13. 了解施工组织。
14. 了解列车试车线调试、试验要求。

技能目标

1. 熟悉正线与太平桥车辆段的分界。
2. 熟悉电客车出入车辆段/停车场的组织工作。
3. 熟悉行车组织基本原则。
4. 熟悉太平桥车辆段概况。
5. 熟悉技术设备。
6. 熟悉行车组织工作。
7. 熟悉调车作业。
8. 熟悉车辆调试作业。
9. 熟悉施工计划的制定程序。
10. 熟悉施工进场作业令。
11. 熟悉施工安全管理。
12. 熟悉施工时间的安排。
13. 熟悉施工组织。
14. 熟悉列车试车线调试、试验要求。

任务一 正线运作知识篇

一、正线与太平桥车辆段分界

（1）太平桥车辆段与正线分界以 XJD1、XJD2 进段信号机为界限；入段线的 S1611 至 XJD1 信号机间线路为转换轨 I 道（259 m）；出段线的 X1515 至 XJD2 信号机间线路为轨换轨 II 道（250 m）。

（2）XJD1 信号机、XJD2 信号机内方的线路为太平桥车辆段车场线，XJC1 信号机、XJC2 信号机内方的线路为哈南停车场车场线。

（3）太平桥车辆段入段线全长 1 069 m，最大坡度为 30‰，最小曲线半径为 150 m；太平桥车辆段出段线全长 1 040 m，最大坡度为 30‰，最小曲线半径为 250 m。

如图 7-1 所示。

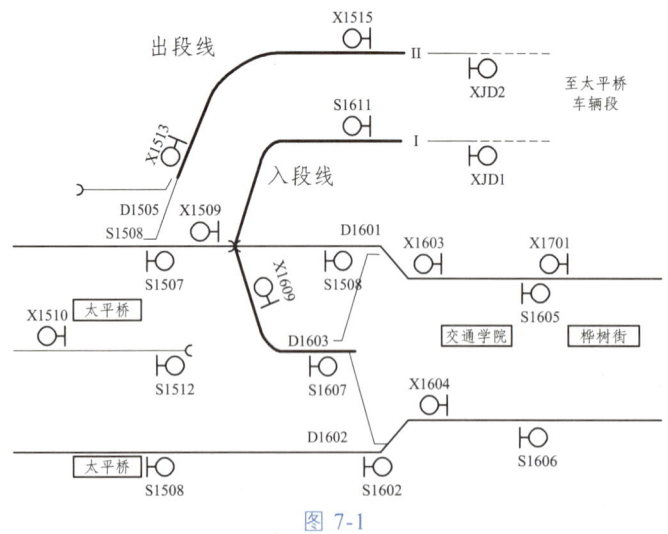

图 7-1

二、电客车出入车辆段/停车场的组织

（1）每天运营开始时和结束后，行调、车场调度员按《运营时刻表》的要求及时组织列车出入车辆段/停车场。

（2）首列电客车出段/场前 50 min，车场调度员按《运营时刻表》的计划提供当日合格上线运行的电客车车组号（包括备用车）。

（3）运营时间需组织列车出入车辆段/停车场时，行调应利用运营间隔组织列车出入车辆段/停车场。

三、行车组织基本原则

（一）行车组织原则

（1）在 ATC 正常情况下，电客车采用 ATO 模式驾驶。在有 ATS 计划运行图时，电客车进入正线运行前在转换轨的有源应答器位置停车后自动接收目的地码和车次信息；在没有 ATS 计划运行图时，电客车出太平桥车辆段、哈南停车场及在正线运行，行调须人工输入或通知司机人工输入目的地码和车次信息。

（2）行车时间以北京时间为准，从零时起计算，实行 24 h 制。行车日期划分如下：以零时为界，零时以前办妥的行车手续，零时以后仍视为有效。

（3）正线及辅助线行车组织工作由行调负责，车辆段/停车场线属车场调度员管理。出/入段线、出/入场线视为区间，属行调管理范围。转换轨属行调管理范围。

（4）空电客车、工程列车、救援列车、调试列车出入太平桥车辆段、哈南停车场均按列车办理。信号楼值班员可根据作业需要排列调车进路接车。

（5）正常情况下，正线上司机凭车载信号及地面信号机显示或行调命令行车，按《运营时刻表》和 DTI 显示时分掌握运行及停站时间。非正常情况下行车以 RM 模式或 NRM 模式驾驶列车时，司机应严格掌握进出站、过岔、线路限制等特殊运行速度。

（6）在太平桥车辆段、哈南停车场范围内指挥列车运行或调车作业，按地面信号机显示和调车专用电台指令进行，遇突发情况按手信号显示进行。

（7）电客车在运行过程中，司机应在前端驾驶，如推进运行时，应由引导员在前端驾驶室引导和监控电客车运行。

（8）有线调度电话、无线调度电话用于行车工作联系，须使用标准用语。数字标准发音见表 7-1。

表 7-1 数字标准发音表

1	2	3	4	5	6	7	8	9	0
Yāo	liǎng	sān	sì	wǔ	liù	guǎi	bā	jiǔ	dòng
幺	两	三	四	五	六	拐	八	九	洞

（9）列车晚点统计方法。

① 根据《运营时刻表》计划开行的列车，早、晚不超过规定时间界限的为准点列车。

② 准点的时间界限指终点到站时间误差小于或等于 2 min 的列车。

③ 终点到站时间误差大于 2 min 的列车为晚点列车。

④ 列车排队晚点时则按统计的要求进行统计。行调应根据列车晚点情况及时采取措施，调整列车运行。

⑤ 加开列次均计为线路准点列次。

（二）行车指挥

1. 运营组织、指挥机构

（1）运营指挥执行层次如图 7-2 所示。

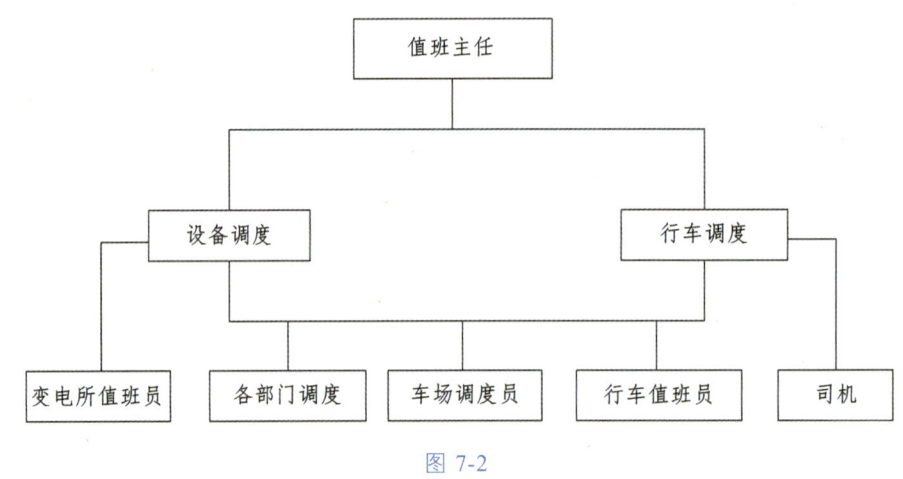

图 7-2

（2）运营指挥机构。

① 运营指挥分为一级、二级两个指挥层级；二级服从一级指挥。

② 一级指挥为：行车、设备调度员。

③ 二级指挥为：值班站长、车场调度员、部门调度。

④ 各级指挥要根据各自职责任务独立开展工作，并服从指挥中心值班主任总体的协调和指挥。

（3）车辆段/停车场控制中心（DCC）。

① DCC 是车辆段/停车场运作管理、车辆维修的中心。

② 太平桥车辆段 DCC 负责车辆段范围内的调车组织指挥工作、维修施工管理，哈南停车场 DCC 负责停车场范围内的维修施工管理。

③ DCC 负责车辆日常检修、清洁、定修和临修工作控制，为地铁正线运营及设备维修施工提供质量良好的和数量足够的电客车或工程车。

④ 太平桥车辆段 DCC 设车场调度员、车辆检修调度员。

　　a. 车场调度员负责车辆段范围内的车辆转线、调车作业组织及设备设施的维修施工管理。

　　b. 车辆检修调度员负责组织实施电客车、工程车及车辆检修设备的计划性维修、故障抢修、电客车调试、改造作业等，监控所有车辆技术状态，提供《运营时刻表》所规定的客车数上线服务，并确保其状态良好。

⑤ 哈南停车场 DCC 设车场调度员。

　　a. 负责停车场范围内设备设施的维修施工管理。

b. 负责组织实施电客车、工程车及车辆检修设备的计划性维修、故障抢修、电客车调试、改造作业等，监控所有车辆技术状态，提供《运营时刻表》所规定的客车数上线服务，并确保其状态良好。

任务评价

根据以上学习内容，评价自己对本任务内容的掌握程度，在下表相应空格里打"√"。

评价内容	差 （60%以下）	合格 （60%~80%）	良好 （80%~90%）	优秀 （90%以上）
对正线与车辆段分界知识的掌握程度				
对电客车出入车辆段/停车场的组织知识的掌握程度				
对行车组织基本原则知识的掌握程度				
学习中存在的问题或感悟				

任务二　车辆段运作知识篇

一、太平桥车辆段概况

（一）太平桥车辆段的位置

太平桥车辆段及综合维修段位于哈尔滨铁路枢纽太平桥站以南、马家沟以东、规划新江桥街以西、规划平湖街以北的地块内。该场地呈长方形，长约 1 100 m，宽约 210 m。

（二）太平桥车辆段主要设备设施

车辆段按功能划分为七个分区。停车列检库位于东端南部，包括洗车库、镟轮库、停车列检库、月检库；检修设施位于段址西部，包括静调库、定临修库、厂架修库；中部区域分南北两部分：运用设施与检修设施之间设调机和特种车辆联合车库，北部为综合维修中心、机加工修配中心、汽车总库、跟随式变电所、信号楼和易燃品库；段东部停车列检库北侧为材料棚和物资总库、材料线；段西端检修库以西，为段汽车库、办公综合楼、单身宿舍和食堂浴室。太平桥车辆段与哈尔滨枢纽太平桥站毗邻。太平桥车辆段主要设备设施中，试车线有效长度为 1 220 m，基本可满足高速试车需要。铺轨 12.662 km，总建筑面积 86 682 m²。

（三）太平桥车辆段与区间分界线及相邻车站的距离

入段线 D1602 岔心至 XJD1 距离为 1 069 m；出段线 D1503 岔心至 XJD2 距离为 1 040 m。具体如表 7-2 所示。

表 7-2　太平桥车辆段与区间分界线及相邻车站的距离

线别	邻站	站间距离（km）	站界名称
入段线 D1602	交通学院站	1 069	进段信号机 XJD1
出段线 D1503	太平桥站	1 040	进段信号机 XJD2

（四）太平桥车辆段的功能

（1）提供运用列车投入服务，确保哈尔滨地铁1号线《运营时刻表》的实现。

（2）承担太平桥车辆段范围内机电、供电、通信、信号、轨道等系统的日常运行管理、巡检和定期维修养护工作。

（3）承担太平桥车辆段内设备设施维修等工作。

（4）承担哈尔滨地铁1号线配属车辆的停放、列检、整备以及全线配属车辆的月检、定临修、架、大修等工作。

（5）太平桥车辆段是哈尔滨地铁1号线救援基地。

（6）后勤保障工作。

二、技术设备

（一）线　路

（1）太平桥车辆段线路轨距为 1 435 mm（误差 + 6 mm，− 2 mm），钢轨型号除试车线为 60 kg/m，9号道岔处，其余均为 50 kg/m，7号道岔，道岔限速如表 7-3 所示。

表 7-3　道岔限速表

辙叉号	9	7
限制速度（km/h）	35	25

（2）车辆段线路最小平面曲线半径为 150 m。

（3）段内线路按作业目的、功能可分为：运用线，包括停车列检线、检修线、洗车线、试车线、机走线、机待线、牵出线等；检修线，包括定修线、临修线、厂架修线、静调线、内燃调车机及特种车库线、月检线和不落轮镟修线等；其他线，包括平板车线、材料总库线等。具体如表 7-4 所示。

表 7-4

序号	信号编号	股道编号	用途	有效长度 始点	有效长度 终点	单位：m	接触网	轨道电路	备注（特殊说明）
1	G1525	L-1	转换轨Ⅰ	S1611	XJD1	259		有	
2	G1619	L-2	转换轨Ⅱ	X1515	XJD2	250		有	
3	D3G	L-3	牵出线	D3	6	163		有	
4	无	L-4	洗车线	D16	库内车挡	274		无	靠信号机25 m部分有轨道电路，洗车机段没有轨道电路
5	无	L-5	不落轮镟线	D17	库内车挡	274		无	靠信号机25 m部分有轨道电路

续表

序号	信号编号	股道编号	用途	有效长度 始点	有效长度 终点	单位：m	接触网	轨道电路	备注（特殊说明）
6	6G	L-6	停车列检线	S6	库内车挡	269		有	分为A、B两段
7	7G	L-7	停车列检线	S7	库内车挡	269		有	分为A、B两段
8	8G	L-8	停车列检线	S8	库内车挡	269		有	分为A、B两段
9	9G	L-9	停车列检线	S9	库内车挡	269		有	分为A、B两段
10	10G	L-10	停车列检线	S10	库内车挡	269		有	分为A、B两段
11	11G	L-11	停车列检线	S11	库内车挡	269		有	分为A、B两段
12	12G	L-12	停车列检线	S12	库内车挡	269		有	分为A、B两段
13	13G	L-13	停车列检线	S13	库内车挡	269		有	分为A、B两段
14	14G	L-14	停车列检线	S14	库内车挡	269		有	分为A、B两段
15	15G	L-15	停车列检线	S15	库内车挡	269		有	分为A、B两段
16	16G	L-16	停车列检线	S16	库内车挡	269		有	分为A、B两段
17	17G	L-17	停车列检线	S17	库内车挡	269		有	分为A、B两段
18	D18G	L-18	月检线	D18	库内车挡	153		有	
19	D19G	L-19	月检线	D19	库内车挡	153		有	
20	D20G	L-20	月检线	D20	库内车挡	153		有	
21	18AG	L-21	材料线	S18	车挡	140		有	
22	19AG	L-22	轨道平车线	S19	车挡	214		有	
23	31/34WG	L-23	牵出线	D27	D29	130		有	
24	33/34WG	L-24	机走线	D28	D30	130		有	
25	D31G	L-25	机待线	D31	车挡	42		有	
26	TG	L-26	试车线	TX1	TS6			有	
27	D36G	L-31	内燃调机及特种车线	D36	库内车挡	66		有	
28	D37G	L-30	内燃调机及特种车线	D37	库内车挡	66		有	
29	D38G	L-29	内燃调机及特种车线	D38	库内车挡	66		有	
30	D39G	L-28	内燃调机及特种车线	D39	库内车挡	66		有	
31	D41G	L-32	静调线	D41	库内车挡	158		有	
32	D42G	L-33	定修线	D42	库内车挡	158		有	
33	D43G	L-34	临修线	D43	库内车挡	158		有	
34	无	L-35	厂架修线		库内车挡	无		无	靠信号机30 m部分有轨道电路
35	无	L-36	厂架修线		库内车挡	无		无	靠信号机30 m部分有轨道电路
36	无	L-37	厂架修线		库内车挡	无		无	靠信号机30 m部分有轨道电路

（二）太平桥车辆段进段、出段、调车固定信号设备

太平桥车辆段入段、出段以及调车信号机见表 7-5、7-6、7-7，出入段和调车信号机如图 7-3 和图 7-4 所示。

表 7-5

序号	方向	用途	编号	类别	操纵方式	操纵负责人	是否兼作它用	定位显示灯光	有无引导信号	附注
1	太平桥车辆段	交通学院站进车辆段	XJD1	色灯	集中	信号楼值班员	调车信号	红灯	有	高柱
2		太平桥站进车辆段	XJD2	色灯	集中	信号楼值班员	调车信号	红灯	有	高柱

表 7-6

序号	方向	用途	编号	类别	操纵负责人	是否兼作它用	定位显示灯光	附注
1	转换轨	6G 出段	S6	色灯	信号楼值班员	调车信号	红灯	矮柱
2		7G 出段	S7	色灯	信号楼值班员	调车信号	红灯	矮柱
3		8G 出段	S8	色灯	信号楼值班员	调车信号	红灯	矮柱
4		9G 出段	S9	色灯	信号楼值班员	调车信号	红灯	矮柱
5		10G 出段	S10	色灯	信号楼值班员	调车信号	红灯	矮柱
6		11G 出段	S11	色灯	信号楼值班员	调车信号	红灯	矮柱
7		12G 出段	S12	色灯	信号楼值班员	调车信号	红灯	矮柱
8		13G 出段	S13	色灯	信号楼值班员	调车信号	红灯	矮柱
9		14G 出段	S14	色灯	信号楼值班员	调车信号	红灯	矮柱
10		15G 出段	S15	色灯	信号楼值班员	调车信号	红灯	矮柱
11		16G 出段	S16	色灯	信号楼值班员	调车信号	红灯	矮柱
12		17G 出段	S17	色灯	信号楼值班员	调车信号	红灯	矮柱
13		18AG 出段	S18	色灯	信号楼值班员	调车信号	红灯	矮柱
14		19AG 出段	S19	色灯	信号楼值班员	调车信号	红灯	矮柱

表 7-7

序号	方向	编号	类别	操纵负责人	定位显示灯光	附注
1	西	D4/D5/D7/D10/D16/D17/D18/D19/D20/D22/D27/D28/D31/D32/D33/D40/D6A-D17A	色灯	信号楼值班员	蓝灯	矮柱
2		D6B-D17B	色灯	信号楼值班员	红灯	矮柱
3	东	D1/D2/D3/D6/D8/D9/D11/D12/D13/D14/D15/D21/D23/D24/D29/D30/D34/D35/D36/D37/D38/D39/D41/D42/D43/D44/D45/D46	色灯	信号楼值班员	蓝灯	矮柱

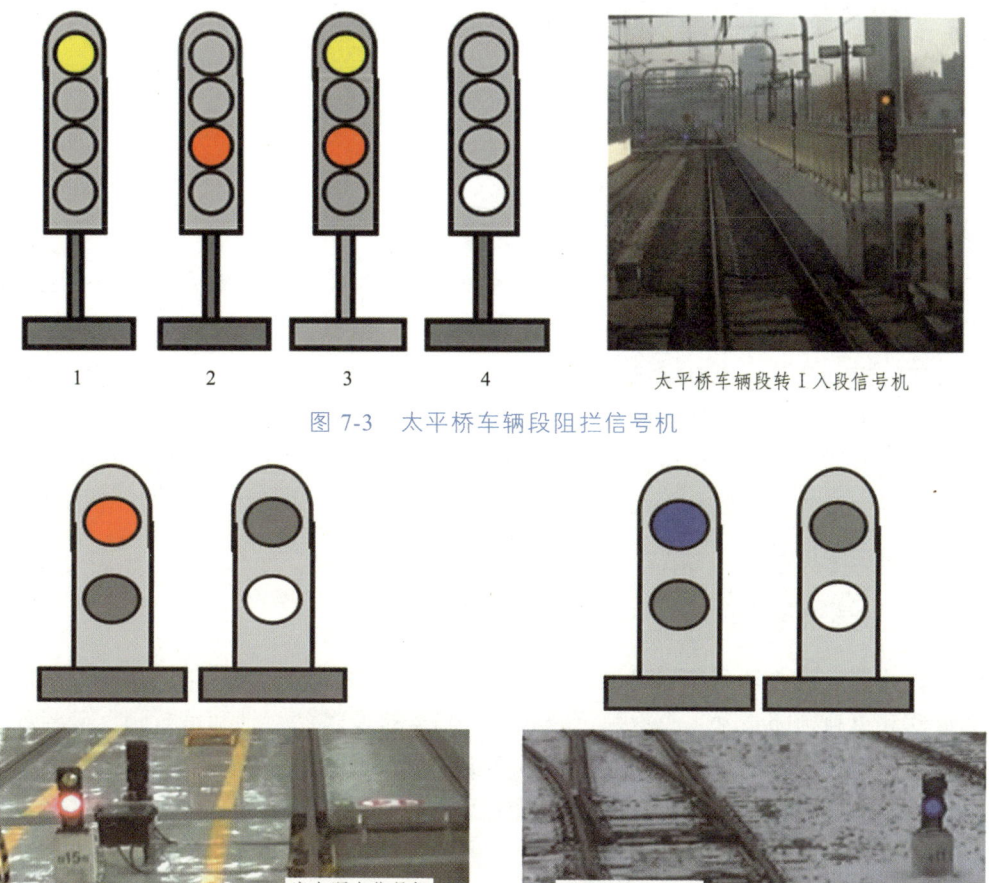

图 7-3　太平桥车辆段阻拦信号机

图 7-4　太平桥车辆段调车信号机

（三）太平桥车辆段信号机的设置原则及显示意义

（1）入段信号机采用四显示（一个四灯位机构）。
① 黄灯：允许列车进车辆段。
② 红灯：禁止越过该信号机。
③ 黄/红灯：引导信号进车辆段（黄、红灯位间设空灯位）。
④ 月白灯：允许调车作业，可以越过该信号机。
（2）出段信号机采用三显示（一个三灯位机构）。
① 黄灯：允许列车出段。
② 红灯：禁止越过该信号机。
③ 月白灯：允许段内调车作业，可以越过该信号机。
（3）调车信号机采用两显示（一个两灯位机构）。
① 蓝灯：停止调车作业，禁止越过该信号机。
② 月白灯：允许调车作业，可以越过该信号机。
③ 红灯：停止列车/调车作业，禁止越过该信号机。
（4）停车库内调车信号机采用两显示（一个两灯位机构）。
① 红灯/蓝灯：停止列车/调车作业，禁止越过该信号机。
② 月白灯：允许越过该信号机。

(5)试车线尽头及材料线、平板车线尽头设置阻拦信号机采用一显示（一个灯位机构），固定显示红色灯光，禁止机车车辆越过该信号机。

（四）太平桥车辆段联锁设备

1. 计算机联锁系统

太平桥车辆段信号系统为 TYJL-II 型双机热备计算机联锁系统，其室内设备设于车辆段信号楼信号设备室，微机操作台及单元控制台设于信号控制室。信号机和道岔由信号楼集中控制。车辆段内信号联锁轨道电路采用 50 Hz 单轨条相敏轨道电路。车辆段内 7 号道岔均采用 ZD6-D 型直流转辙机，试车线上 9 号道岔采用与 1 号线一致的 ZDJ9 型三相交流电动转辙机。

信号机按作业目的可分为：出段信号机、入段信号机、调车信号机、阻拦信号机；所有信号机均设置在运行方向右侧。试车线 T1G-T7G 区段采用日本 AFTC 数字轨道电路，其设备设于试车线信号设备室，复示至信号楼。

2. 计算机联锁系统功能

（1）根据作业情况可办理列车进出段、调车转线作业、引导接车或总锁闭接车等功能。可实现单独操纵道岔和单独锁闭道岔、总取消、总人解、信号机及道岔封锁和清封锁、破封检查等，若办理进路的操作有误或挤岔、断丝时，具有显示提示或语音报警功能。

（2）向被占用线路上排列列车进路时，信号机不能开放。

（3）能监督是否挤岔，并于挤岔的同时，使防护该进路的信号机自动关闭。被挤道岔未恢复前，有关信号机不能开放。

（4）能够监视线路与道岔区段是否被占用，进路开通及锁闭，复示地面信号机的显示状态。

（5）当道岔第一连接杆处的尖轨与基本轨间有 4 mm 及其以上间隙时，不能锁闭或开放信号机。

（6）车辆段与太平桥、交通学院方面出入段设照查电路，出段线（转换轨）轨道电路设于太平桥站，入段线（转换轨）轨道电路设于交通学院站，并将轨道条件复示至车辆段信号楼，当向转换轨排列出段列车进路时需检查正线车站未往出入段线排列进路、轨道电路空闲等条件；车辆段内进行调车作业时，不得越过 XJD1、XJD2 信号机，占用转换轨。

3. ATS（Automatic Train Supervision，自动列车监控系统）系统设备

（1）车辆段内装配两台 ATS 人机接口设备 HMI1 和 HMI2，分别安装在信号楼和派班室。

（2）信号楼及派班室内的人机接口设备 HMI 具有车辆管理功能，可以在该设备上输入列车车组号，服务号和目的地码号，可统计、调整客车走行公里，监视正线运行情况等。

4. 供　电

接触网导线距轨面的标准距离：地下线 4 040 mm；出/入段线 4 800 mm；车场线、试车线、列检停车库为 5 000 mm；洗车库、镟轮库、检修库为 5 400 mm；月检库为 5 700 mm；在 DC 1 500 V 接触网轨道区域进行施工作业时需接触网停电并挂地线，验电后方可进行。需带电进行施工作业的项目应严格办理带电作业的审批手续，经主管领导和部门审批后方可执行，并做好安全防护措施。表体如表 7-8 所示。

表 7-8　太平桥车辆段隔离开关编号、设置和控制范围

序号	供电分区	定义	备注	越区供电开关
1	1D1	车辆段 2111 号隔离开关以南	D 表示太平桥车辆段接触网	无
2	1D2	车辆段 2121 号隔离开关以南		无
3	1D3	车辆段 2162 号隔离开关～车辆段 2161 号隔离开关～车辆段 2156 号隔离开关		2162 号、2156 号
4	1D4	车辆段 2113 号隔离开关～车辆段 2161 号隔离开关～运用组合库前 10 至 20 股道		2161 号、2113 号
5	1D5	车辆段 2124 号隔离开关～运用组合库前 4 至 9 股道		2124 号
6	1D6	车辆段 2151 号隔离开关与车辆段 2155 号隔离开关以北		2151 号

三、行车组织工作

（一）行车组织原则

太平桥车辆段内的运作，应该认真贯彻"安全第一，预防为主，结合治理"的生产方针，坚持高度集中，统一指挥的原则，与行车有关部门应主动配合，紧密联系，协同动作，确保及时提供技术状态良好、数量足够的列车投入服务。

车辆段行车工作由车场调度员集中领导、统一指挥，信号楼值班员根据每日列车计划和车辆段检修计划负责办理接发列车及列车存放，负责排列列车进路和调车作业进路控制，行车人员及相关岗位应严格执行《行车组织规则》和本规则的有关规定。

（二）接发列车规定

（1）太平桥车辆段内应优先办理接发列车，接发列车时应按计划运用股道，做到不间断接车，正点发车，减少转线作业。调车作业应合理安排车辆段接发列车空闲时间段内，不得影响正常接发列车作业的进行，准备接发车进路。非紧急情况下其他作业不得影响列车出、入太平桥车辆段。

（2）列车进太平桥车辆段作业时，接车线必须空闲（如接车线含 A、B 段，则 A 段必须空闲），办理停放在 B 段的列车出太平桥车辆段作业时，可按调车方式将列车调至 A 段再办理发车作业。

（3）列车进太平桥车辆段时，司机应在转换轨处一度停车后呼叫信号楼值班员，信号楼值班员在接到司机停稳的报告后开放入段信号组织列车回段，如特殊情况下不能及时开放信号机时应及时通知车场调度员、司机并说明情况。

（4）列车出太平桥车辆段占用转换轨的行车凭证为开放的出段信号及信号楼值班员指令，列车入太平桥车辆段占用转换轨的行车凭证为相邻车站开放的回段信号及行调指令。因故需要利用出段线接车或入段线发车时，必须得到行车调度员的同意后并由其发布命令通知车场调度员、司机及太平桥站、交通学院站行车值班员方可执行。

（5）空电客车、工程车、调试列车、救援列车进出太平桥车辆段按列车办理。

（6）列车进入太平桥车辆段时，在库门未开启的情况下，信号楼值班员禁止办理列车接车进路。

（7）电客车发车作业出现如故障修复不了时，按以下两种方式办理。

① 如故障未排除但影响上线运营的情况下，检修调度员经相应人员批准后发放《客车状态记录卡》并在状态卡上注明故障情况和注意事项，检修调度员并向行调说明情况后，车场调度员方可将此电客车安排上线运营；应严格执行列车出库上线技术标准，严禁车辆"带病"上线运行，如遇有特殊情况需列车车辆带故障上线运行时，需经上报主管部门和主管技术工程师批准方可出库上线运行，并应做好安全防护措施。

② 如该故障无法处理，扣修需换热备车时，检修调度员应及时提供其他车辆替代热备车，并同时提供新的《客车状态记录卡》，车场调度员应调整发车顺序，组织司机更换热备车并将此情况及时向行调汇报。

（8）列车停车规定。

① 列车进入停车股道后，应停在驾驶端前方防护信号机内方，其头部不得越过前方防护信号机。

② 列车进出运用库、检修库、平交道口前应一度停车，确认大门开启（出库时由司机开启，入库时由检修人员开启，大门开启人员应挂好防护锁链。所有库门关闭由检修人员负责）。无侵限、平交道口及轮缘槽无障碍物后，方可通过。

（三）电客车出入太平桥车辆段规定

（1）电客车出入段均按列车办理，排列列车进路。特殊情况下不能办理列车信号时，信号楼值班员需得到车场调度员同意后按调车方式办理出入段进路。

（2）出段的电客车应技术状态良好，符合《电客车上线运营标准》中的有关规定。投入运用的车辆应经车辆检修调度员签字确认方可投入使用。

（3）电客车有检修计划时，回车辆段后应及时送入检修股道，确保不影响下一批作业的进行。

（四）工程车按列车出入太平桥车辆段规定

（1）原则上工程车在L21道办理接车作业，在L21和L22办理发车作业。特殊情况下需在其他股道办理接发车作业时，应经车场调度员同意，并确保不影响电客车作业和行车安全。

（2）轨道平车装载设备不得超过车辆限界（限界参见《行车组织规则》）。进入正线时，车辆装载货物高度不能超过距轨面3 790 mm，宽度不超过2 800 mm，长度不许超过所装平板车端板的长度，当达到距轨面3 790 mm时接触网应停电。

（3）太平桥车辆段内轨道平车装、卸及限界测量作业须在无电区域进行，原则上白天进行，夜间不办理装、卸作业。

（五）开行救援列车/备用电客车规定

（1）开行救援列车或备用电客车时，应迅速准备，按行车调度员要求时间组织救援列车安全出段。车场调度员接到行调命令后及时报告本部门部长。救援列车由救援列车负责人指挥，由车场调度员督促救援有关人员及时到岗。

（2）车场调度员接到开行救援列车或备用电客车命令时，应与行调落实开行车次、时间、故障列车回场情况后（如开行救援列车还应与行调落实救援命令内容，明确救援任务、注意事项），向信号楼值班员布置开行救援列车或备用电客车命令以及向司机传达注意事项和交路安排后，办理发车作业。

（3）利用工程车担当救援任务时，走行部、制动装置及过渡车钩须处于良好状态，当双机重联时制动软管必须保持连结状态，确保制动状态良好（除运送救援物资外，工程车担任救援列车时不允许连挂平板车）。

（六）车辆交接

（1）电客车回库后，司机将两张《客车状态记录卡》一并交还检修调度员，将方孔钥匙、列车主控钥匙、800M对讲机、400M手持台、行车文件夹和《司机报单》等行车备品交给车场调度员办理退勤手续，并在《司机出退勤登记簿》上登记。

（2）对回库的车辆，检修调度员根据《客车状态记录卡》的记录情况及时填写《故障汇总单》。

（3）司机将《客车状态记录卡》交还检修调度员后，该车辆由检修调度员安排进行保洁、检修等作业。

（4）检修调度员确认电客车状态具备上线条件后，填写《客车状态记录卡》并于首列车发车前2h交予车场调度员，车场调度员签字接收。

（5）电客车发车前，司机到车场调度员处领取方孔钥匙、列车主控钥匙、800M对讲机、400M手持台、行车文件夹和《司机报单》《客车状态记录卡》并在《司机出退勤登记簿》上登记。出勤后，司机到达指定股道进行整备作业，并与信号楼值班员联系做好发车准备。

（七）非正常情况下的行车作业规定

1. 退行规定

太平桥车辆段内禁止一切车辆退行作业。电客车因故需退行时，司机必须进行换端后牵引退行。工程车连挂平板车退行时需在前方有调车员的情况下推进运行。

2. 列车信号机故障行车组织

（1）开放入段信号黄灯无显示，经行调确认区间空闲，经通号人员确认联锁设备、控制台上监督器作用良好时，确认进路空闲后，经车场调度员有权负责车辆段联络线及正线占用权限，按优先等级依次排列：引导进路、调车进路、分段排列进路及单操单锁道岔、单操单锁道岔。

（2）开放出段信号黄灯无显示，经通号人员确认联锁设备、控制台上监督器作用良好时，确认进路空闲后，经车场调度员同意后，按优先等级依次排列：调车进路、分段排列进路及单操单锁道岔、单操单锁道岔。

（3）若以上均不能办理时，采用人工排列进路方式办理接发车作业。

3. 道岔故障行车组织

（1）信号楼值班员在办理电客车出入段时，如遇单独道岔无法操作应立即将故障道岔先操作回原位，再对故障道岔单独操作几次确认运作良好后继续使用。

（2）如道岔故障未排除则必须上报车场调度员并做好相应防护工作，车场调度员接到故障报告后立即与设调（维修）联系说明故障情况，由设调（维修）通知生产调度组织相关维修人员到现场进行维修，如车场调度员接到设调（维修）故障不能立即恢复的通知时，车场调度员按规定与维修人员办理停用手续后通知信号楼值班员对故障道岔进行人工操作。

（3）信号楼前台值班员赶赴现场对故障道岔进行人工操作至正确位置并使用钩锁加锁后报后台值班员，信号楼后台值班员接到报告后做好记录并对进路中其他道岔电操至正确位置后进行单锁防护，使用光带接通功能查看进路除故障道岔区段外其他区段显示开通正确后，命令司机可越过关闭的信号灯沿途加强对道岔位置动车情况的确认。

（4）如道岔定反位一侧位正常时，可经现场维修负责人同意后对故障道岔进行人工加钩锁器后使用。

4. 轨道电路故障行车组织

（1）接发列车线路轨道电路故障操作办法。

① 线路有车占用，但轨道电路无显示时，必须在微机联锁屏该股道线路上输入车底号并在占线板上揭挂占线牌。

② 线路无车占用，而轨道电路显示红光带时，信号楼须上报车场调度员，由车场调度员通知设调（维修）组织维修人员去现场检查并确认轨道具备接车条件后，信号楼方可办理接车作业。

（2）联锁设备故障行车组织。

① 正线联锁设备正常，太平桥车辆段联锁故障时。

a. 信号楼值班员发现微机联锁系统故障不能排列进路时，必须立即停止段内动车作业，及时通知车场调度员故障情况。

b. 车场调度员接到故障汇报后，立即向行调、设调（维修）汇报申请维修。

c. 如故障不能短时恢复，则按行调命令启动人工排列进路方式组织接发车进路。

d. 办理时信号楼值班员按车场调度员命令组织列车出入段。信号楼前台值班员现场作业时按来车方向"由近及远"对进路中的道岔进行操作并加锁，整条进路排列完毕后反方向对进路上的道岔进行确认，无误后向信号楼后台值班员进行汇报。

e. 信号楼后台值班员接到汇报后，与车场调度员确认是否可进行接/发车作业，车场调度员与行调确认后通知信号楼值班员使用无线调度台命令司机动车（无线调度台故障时改为信号楼前台值班员使用信号旗指挥司机动车），禁止开放该进路的车辆段出、入段信号机接发列车。

f. 人工现场排列进路时必须停止段内所有正常施工作业，由信号楼值班员及检修人员进行操作，通号人员配合，待作业完毕后由通号人员对道岔进行恢复。

② 正线联锁设备故障，太平桥车辆段联锁正常时。

a. 行调发布采用电话联系法组织行车，行调与车站值班员、信号楼值班员共同确认转换轨空闲后，组织列车到转换轨待令。

b. 信号楼值班员办理进路时正常排列进路组织列车出段及回库作业。

③ 太平桥车辆段轨行区按道岔位置分别配置5个钩锁器箱，每个钩锁器箱按区域内的道岔数量配置相应的钩锁器，由车辆中心负责定期进行检查。

④ 电动转辙机手摇把及钩锁器箱钥匙存放在信号楼值班室行车备品箱内，由信号楼值班员保管。

（八）其他作业规定

（1）热备车应停放在停车列检线A段，随时做好发车准备。原则上备用车（热备、冷备）除值乘司机外，不得有任何其他作业人员私自登乘作业，如必须登乘时，车场调度员需征得行调同意后方可在值乘司机的陪同下登乘备用车。

（2）备用车无特殊情况不得随意调整。因故需调整时，检修调度员必须向车场调度员提出申请，说明调整原因并在《收发车计划表》中注明，车场调度员应及时向行调进行汇报，征得行调同意后方可允许检修调度员进行调整，调整后车场调度员应及时将备用车调整结果告知行调。

（3）需要使用月检股道停放机车车辆或进行其他作业时，应得到车场调度员批准，并得到车辆检修调度员同意后，做好相关安全防护措施。

（4）对需输入口令或破封才能使用的设备功能，信号楼值班员在使用完后应在《车场信号楼交接班日志》中记录。并将破封的设备及时通知相关人员重新加封。

（5）微机联锁试验期间太平桥车辆段必须停止一切接发车作业及调车作业，联锁试验结束后才能动车。

（6）太平桥车辆段信号楼值班员办理进路时原则上须一次排列完成，遇特殊情况进路不能一次排列时，应优先排列短进路，利用设备功能进行自身防护，对于不能排列进路区段，须单操道岔、锁定并及时通知司机加强瞭望，注意确认进路上信号机显示及道岔开通位置。

（7）原则上不得在非接发车线上办理列车到发作业。特殊情况下，须经车场调度员同意后，信号楼值班员采用开放调车信号的方式准备接发车进路。

（8）运用组合库 L-4 道为洗车作业用、L-5 道为镟轮作业用，特殊情况需要停放机车车辆时应得到车场调度员同意。

四、调车作业

（一）人员安排及职责

（1）段内调车工作由车场调度员统一领导，调车作业人员应按本标准和调车作业计划单执行。

（2）车场调度员应根据机车车辆、线路、设备检修计划和现场作业情况，合理、科学、正确地编制调车作业计划，组织调车人员安全、及时地完成调车任务。

（3）调车作业由调车员单一指挥。根据调车作业计划，正确、及时地显示手信号，及时地发出信号指令，调车司机要认真确认并严格执行信号指令，并鸣笛回示。

（4）调车司机认真确认信号，不间断进行瞭望，认真执行呼唤应答制度，正确、及时地执行信号显示要求；没有信号不许动车，信号不清立即停车。

（二）调车计划

（1）车场调度员编制调车作业计划资料来源。
① 车辆中心检修调度提供的车辆检修计划及签认的临时调试计划。
② 车辆中心派班员提供的工程车运用计划。
③ 材料库车辆装卸情况。
④ 承建商、未交付使用的机车车辆厂家的动车计划。
⑤ 车辆扣修计划和工程车故障报修单。
⑥ 需要动车的其他情况。

（2）调车、调试作业计划的提交和实施规定。

原则上（受列车出入段、其他调车作业或施工作业影响时除外）从车场调度员发出调车作业单开始，若采用工程车调动电客车，整列电客车转线须在 1 h 内调到位。若电客车凭自身动力转线，整列电客车应在车场调度员发出调车作业单后 45 min 内调到位。调车作业单未能及时发出时，车场调度员应将未能及时调车的原因通知有关部门。

① 车场调度员在接到有关调车作业申请后，尽快组织有关岗位在要求的时间内完成。

② 因检修作业需增派司机时，车辆检修调度应做好书面计划，提前 4 h 交车场调度员，车场调度员及时联系派班员组织人员完成。

③ 检修人员需要在库内短距离动车作业时，须准备妥当后报告车辆检修调度，车辆检修调度向车场调度员提出动车申请。

④ 检修调度应按规定认真填写车辆转轨申请单（分电客车、工程车两种），车辆转轨申请单需填写的内容如下。

　　a. 计划转线时间，车辆停留位置及所需转往的股道、是否具备动车条件。
　　b. 车辆状态、调试何种故障及调试所需时间。
　　c. 车辆是否凭自身动力动车。
　　d. 车辆是否需要工程车调动。
　　e. 车辆动车前停放股道隔离开关是否断开、是否挂有接地线。
　　f. 线路、车辆是否侵限，车辆的制动系统状态。
　　g. 作业完毕计划所回的停放股道。

（3）车场调度员应书面向调车员下达调车作业计划。

（4）车场调度员用调度录音电话向信号楼值班员传达调车作业计划并在占线板上做好标记，信号楼值班员抄收调车作业计划并复诵核对。

（5）原则上一次调车作业计划中途不得擅自变更作业计划，遇有必须变更作业计划的情况时，需停止原执行计划，经主管部门领导批准后，并重新审定变更后的计划正确无误方可执行新的变更后的作业计划。

变更作业计划必须停车传达，确认有关人员复诵清楚，须下达书面调车作业计划。

（6）调车作业前的准备。

① 调车作业前，调车员应做好充分准备（按规定着装、佩戴防护用品，确认无线对讲机或平面调车系统良好），并认真检查调车组其他人员准备情况。

② 对线路进行检查：确认进路、车辆底下和上部无障碍物。

③ 对车辆进行检查：内容包括机车（电客车）的制动试验、车辆防溜措施情况、是否进行技术作业、是否有侵限物搭靠、装载加固是否良好、是否插有防护信号及禁动牌等。

（三）调车作业规定

（1）在调车作业中，调车有关人员要认真执行"要道还道"制度。单机运行或牵引车辆运行时，前方进路的确认工作由司机负责完成；推进车辆运行时，前方进路的确认工作由领车员负责完成，推送车辆时，要先试拉，列车前部有人进行瞭望，及时显示信号。

（2）信号楼值班员办理调车进路要执行"一看、二点击（按）、三确认、四显示"制度。根据调车作业计划和现场作业情况、机车车辆停放股道，根据司机（车长）的要道请求，正确、及时地排列调车进路、开放调车信号，通过微机联锁设备认真监控机车车辆运行，并执行"干一勾划一勾"制度。严格执行调车作业程序和联控用语，确保调车作业安全。

（3）车辆段内开行工程车进行接触网检查作业时，按调车方式办理，开放调车信号组织行车。若需要在出入段线进行接触网检查作业开行工程车时，车场调度员需得到行调同意后，方可组织信号楼值班员办理出入段线的接触网检查作业。

（4）需要占用交通学院站方向入段线（含转换轨）时，车场调度员与行车调度确认无列车回段的情况下方可办理，作业完毕通知交通学院站及行调。

（5）遇下列情况禁止进行调车作业。

① 设备或障碍物侵入线路设备限界时。

② 有影响运行安全的走行部故障时，车体倾斜超限时。

③ 机车车辆制动系统故障，影响行车安全时。

④ 能见度小于 50 m 时，禁止调车作业和调试作业。

⑤ 电客车转向架横向减震器被拆除并空气弹簧无气时，禁止进行调车作业。

⑥ 电客车停放股道接触网挂有接地线时，禁止调车作业。

（6）在尽头线上调车时，距车挡应有 10 m 安全距离，特殊情况近于 10 m 时，调车员应与司机联系妥当，严格控制速度并采取防溜措施。

（7）组织两列电客车或工程车在同一股道作业时，信号楼值班员应通知一列电客车或工程车在指定位置停车（电客车降弓）待令，向另一列电客车或工程车司机布置安全注意事项及存车位置情况后，再开放防护信号机放行该电客车或工程车到指定位置进行作业。

（8）调车作业连挂时，被连挂车辆前端必须有人并采取防溜措施。连挂妥当，进行试拉，确认制动状态良好后撤除防溜措施。

（9）工程车调车作业时，推进运行或连续连挂超过两辆车时，应进行试拉并连接风管。

（10）调车作业人员均须在司机驾驶侧正确及时地显示信号，司机应认真、不间断的确认信号，并鸣笛回示。没有调车员的起动信号禁止动车；没有鸣笛回示时，调车员应立即显示停车信号。信号显示错误或不清，司机应立即停车。

（11）调车信号机故障开放不了，须越过关闭的信号机时，调车员/司机得到信号楼值班员允许的通知，并确认道岔开通位置正确后，方可越过该信号机。

（12）调车信号机开放后，须要取消时，信号楼值班员应通知司机或调车员，并在得到应答确认列车停车或未动车后，方可关闭开放的信号机。

（13）越出太平桥车辆段占用转换轨调车时，应得到行车调度员同意。无行调命令时禁止越出太平桥车辆段占用转换轨调车。

（14）列车进入接车线后需转线时，信号楼值班员必须收到司机报列车停稳的通知后，确认司机明确作业计划再开放调车信号。

（15）连挂车辆规定。

① 连挂车辆，调车员显示连挂信号和距离停留车位置信号三、二、一车（三车约 60 m，二车约 40 m，一车约 20 m）。没有显示连挂信号和距离信号不准挂车。

② 机车、车组接近被连挂车辆应执行 5、3、1 一度停车制度时一度停车，确认车钩位置正确后再连挂。车辆连挂应距被连挂车辆 0.5 m 处停车，由连结员调整两车钩钩位，然后以不超过 3 km/h 的速度进行连挂

③ 单机连挂车辆，无须显示距离信号，但在距停留车不少 5 m 时，应一度停车，确认车钩位置正确后再连挂，凭调车员手信号挂车。

④ 太平桥车辆段内道岔区段及其他 300 m 以下曲线半径线路原则上不得进行电客车连挂作业。

⑤ 特殊情况下需进行连挂作业时，须确认钩位，特殊情况下在 150 m 曲线半径的线路上连挂时，如果没有车辆系统专业人员在现场进行技术指导，则禁止连挂。

⑥ 除电客车自身动力调车外，原则上电客车的调动只允许使用内燃调车机。

（6）进入库内作业规定。

① 进入材料库、检修库、各机车车辆存放库取送车辆时，应在车库平交道口前一度停车，确认库门开启并锁固、道口轮缘槽无障碍物、道口无障碍物或行人。

② 检查库内线路状态、货物及设备堆放状况，通知有关人员停止影响调车作业的工作和撤销防护信号。

（17）工程车调动整列电客车转线作业时，原则上利用牵出线办理，如遇特殊情况需利用转换轨转线时，必须预先经行车调度员批准与车场调度员共同确认并同意后方可利用轨换轨转线。

（18）设置止轮器防溜的规定。

① 电客车需设置止轮器时，在出场端TC车的北侧第三轮对上对向设置。

② 电客车单辆车需设置止轮器防溜时，在北侧第二轮对及第三轮对上对向设置。

③ 工程车或车辆需设置止轮器时，在机车或车辆北侧两端轮对上对向设置。

（19）压岔调车或原路折返时，信号楼值班员必须通过接通光带确认进路道岔位置正确，加锁该进路有关道岔并确认进路道岔位置正确后，方可允许司机动车。

（20）机车车辆调车转线时，司机换端后必须先向信号楼值班员询问进路情况，经信号楼值班员同意后确认信号、道岔正确后方可动车。

（21）调车作业时，应认真执行出×道要×道，进×道要×道。司机与信号楼值班员必须执行呼唤应答制度。

（22）电客车在段内特殊情况下需采用NRM（Non Restricted Train Operation Mode）模式，即采用非限制式人工驾驶模式，需经车场调度员同意后，司机按规定速度运行。

（23）调动无动力电客车时，应确认气制动和停车制动全部缓解，司机与调车员加强联系，共同确认车辆制动状态。

（四）工程车调动电客车的规定

工程车调动电客车时，原则上，无调车电台时，严禁进行调车作业。如必须进行调车作业时，按以下规定执行。

（1）调车组各岗位职责的划分如下。

① 调动整列电客车时，调车组（包括工程车司机）最少有3人，1人为调车员，1人为领车连接员（由能操作电客车乘务员担当），1人为工程车司机。调车员直接向司机显示信号。牵引运行时调车员和工程车司机在工程车前端驾驶室，电客车乘务员站在电客车末端司机室内，严禁探身车外。推进运行时各岗位人员所在位置如图7-5所示。

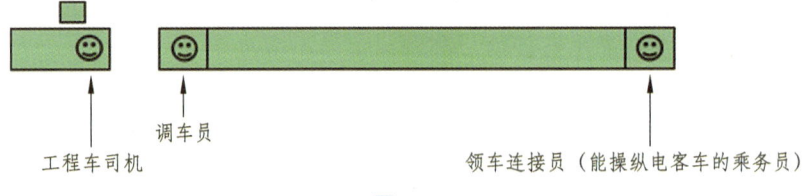

图 7-5

② 推进运行时，领车连接员负责对进路、线路进行确认及瞭望（包括是否有其他设备侵入限界），确认车辆的防溜措施（止轮器的取放），车钩、风管的连接和摘解，以及向调车员发出正确的指令。

③ 电客车司机协助工程车司机调车时，负责电客车气制动的缓解和施加，确认车辆技术状态是否良好，电客车停稳后必须及时施加停放制动。

④ 工程车司机按照调车员的手信号，负责正确、及时地操作机车，准确行车，发现异常时及时采取措施停车，确保调车作业安全。

⑤ 调车员负责指挥工程车司机驾驶作业以及协调、组织作业，是调车作业现场单一指挥者，严格按照本规则和调车作业单正确、及时地显示手信号指挥工程车动车，确保调车作业过程中的行车、人身安全。推进运行时，调车员站在靠近连挂端司机室，如果需要曲线调车的时候，可以下车至工程车驾驶员侧，与信号楼值班员确认临近线路安全，显示手信号，指挥工程车司机行车。

（2）调车人员应该加强联系，相互配合，严格执行呼唤应答制度，当遇危及行车设备和人身安全时，必须采取紧急停车措施，确保调车作业的安全。

（五）车辆停留、防溜及止轮器具存放的规定

（1）牵出线、洗车线、走行线（接发列车时除外）、试车线、咽喉道岔区，禁止存放机车车辆，其他线路存放车辆时，应经车场调度员同意方可占用。机车车辆必须停在线路信号机、库门或者警冲标内方。

（2）工程机车车辆严禁停放在带电区域，遇有须应在有电区域停放车辆时，须经主管部门领导批准并在车顶扶梯处揭挂"高压电，禁止攀登"标志牌。

（3）轨道平车及机车停放在线路上不再调车时，应连挂在一起，并须拧紧两端人力制动机及施加停放制动，并使用止轮器防溜。因装卸设备需要不能连挂在一起时，应分组做好防溜，中间车组拧紧人力制动机，整个车组两端放置止轮器防溜。并在司机室或车钩处悬挂有止轮器的警示牌。

（4）电客车在停车库股道停留时，应施加停放制动。电客车车辆在定、临修线上停留时，应连挂在一起，放置止轮器做好防溜工作。因维修需要不能连挂在一起时，应分组做好防溜工作。

（5）调车作业，应在摘车前先做好防溜（电客车应恢复气制动和停车制动，工程车拧紧人力制动机或施加停放制动，必要时需放置止轮器）后，再摘车；连挂时，挂妥后再撤除防溜。

（6）使用铁鞋防溜时，轮缘踏面必须紧压鞋尖。

（7）DCC检修调度室铁鞋架内放置4只铁鞋；内燃机车、接触网作业车上各放置2只铁鞋。

（8）停车列检库内、工程车库安放2个铁鞋箱，定临修库、月检库安放1个铁鞋箱，每个铁鞋箱放置4只铁鞋。

（9）撤除防溜后，铁鞋应及时放归原位。

（10）对列车检修作业需设置铁鞋的，铁鞋应由检修人员设置，作业完毕后由检修人员撤除；对调动设有铁鞋的列车，铁鞋应由调车员撤除，待列车调至指定线路后，对需要继续设置铁鞋的，由调车员按原位置继续设置，对不需要设置铁鞋的，在撤除铁鞋时将铁鞋交回检修调度处。

（11）铁鞋使用情况及存放地点铁鞋数量应在交接班时交接清楚。

（12）太平桥车辆段的防溜工具应按类别统一编号，并在行车设备管理相关台账内登记。铁鞋编号须标明太平桥车辆段名称、铁鞋总数及本只铁鞋号码。防溜铁鞋必须涂刷红色反光漆或油漆，编号涂白色反光漆或油漆。具体编号办法为：T20-1（"T"太平桥车辆段名称汉语拼音的第一个大写字母；"20"为防溜铁鞋总数，"1"为该只铁鞋号码），铁鞋自1号起连续编号。防溜铁鞋不使用时须上架或入箱并加锁，对号入位。

（六）调车速度

（1）调车作业要准确掌握速度，在瞭望条件差、天气不良等情况下适当降低速度，确认信号机显示状态。

（2）调车速度不得超过表7-9的规定。

表 7-9 调车速度表

序号	项目	速度（km/h）
1	牵引运行	20
2	推进运行	10
3	调动装载超限货物的车辆时	10
4	在尽头线 20 m 内调车时	3
5	在尽头线调车时	10
6	在维修线调车时	10
7	在库内调车时	10
8	在装、卸线上对货位时	5
9	接近被连挂车辆三、二、一车时	8、5、3
10	连挂车辆时	3
11	洗车	3
12	镟轮	按镟床的要求确定

（七）调车手信号规定

（1）调车手信号是指示调车工作的命令，有关行车人员应严格执行。

（2）太平桥车辆段内调车作业手信号按《行车组织规则》的规定执行。

（3）显示信号时，应严肃认真，做到位置适当，正确及时，横平竖直，灯正圈圆，角度准确，段落清晰。手持信号旗的人员，应左手拿拢起的红旗，右手拿拢起的绿旗。

（4）股道号码信号：要道或回示股道开通号码如表 7-10 所示。

表 7-10 股道号码信号

序号	股道	昼间显示方式	夜间显示方式
1	一道	两臂左右平伸	白色灯光左右摇动
2	二道	右臂向上直伸，左臂下垂	白色灯光左右摇动后，从左下方向右上方高举
3	三道	两臂向上直伸	白色灯光上下摇动
4	四道	右臂向右上方，左臂向左下方各斜伸 45°	白色灯光高举头上左右小动
5	五道	两臂交叉于头上	白色灯光作圆形转动
6	六道	左臂向左下方，右臂向右下方各斜 45°	白色灯光作圆形转动后，再左右摇动
7	七道	右臂向上直伸，左臂向左平伸	白色灯光作圆形转动后，再从左下方向右上方高举
8	八道	右臂向右平伸，左臂下垂	白色灯光作圆形转动后，再上下摇动
9	九道	右臂向右平伸，左臂向右下斜 45°	白色灯光作圆形转动后，再高举头上左右小动
10	十道	左臂向左上方，右臂向右上方各斜 45°	白色灯光左右摇动后，再上下摇动作成十字形
11	十一至十九道	须先显示十道股道号码，再显示所要股道号码的个位数信号	
12	二十至五十道	1. 二十道股道号码，先显示二道股道号码，再显示十道股道号码。 2. 二十一道及其以上股道号码，先显示二十道股道号码，再显示所要股道号码的个位数号码。 3. 三十、四十及其以上股道号码按上述方法类推	
持旗要求：在显示股道信号时，凡昼间持有手信号旗的人员，应将信号旗拢起，左手持红旗，右手黄旗，不持信号旗的人员徒手按各该条规定方式显示信号。			
持灯要求：位置适当，正确及时，横平竖直，灯正圈圆，角度准确，段落清晰			

具体的动作图示见图 7-6 ~ 7-25。

图 7-6

图 7-7

图 7-8

图 7-9

图 7-10

图 7-11

图 7-12

图 7-13

图 7-14

图 7-15

图 7-16

图 7-17

图 7-18

图 7-19

图 7-20

图 7-21

图 7-22

图 7-23

图 7-24

图 7-25

各信号的显示如表 7-11 所示。

表 7-11

序号	类别	显示意义	显示要求 昼间	显示要求 夜间	显示时机	收回时机	显示地点
1	停车信号	要求列车停车	展开的红色信号旗（无红色信号旗时，两臂高举头上向两侧急剧摇动）	红色灯光（无红色灯光时，用白色灯光上下急剧摇动）	要求机车、车辆停车时	机车、车辆停车。	作业地点处安全位置
2	减速信号	要求列车降低到要求的速度	展开的绿色信号旗下压数次（可用单臂）	绿色灯光下压数次（可用白色灯光）	要求机车、车辆减速时	调车司机鸣笛回示	作业地点处安全位置
3	试拉信号	检验列车连挂状态	如本表第9项，当列车刚起动马上给停车信号（第1项）	如本表第9项，当列车刚起动马上给停车信号（第1项）	机车、车辆连挂后，检验连挂情况时	持续进行直至显示停车信号	作业车钩连接处，面向动车司机方向安全位置
4	好了信号	某项作业完成的显示	拢起的信号旗向列车方面上弧圈作圆作转动	白色灯光向列车方面上弧圈作圆作转动	某项作业完毕时	司机鸣笛回示	作业完毕地点处安全位置
5	道岔开通信号	表示进路道岔准备妥当	拢起的黄色信号旗高举头上左右摇动	白色灯光高举头上	确认整条进路办理完毕，具备动车条件时	司机鸣笛回示	调车进路首架信号机处安全位置

续表

序号	类别	显示意义	显示要求 昼间	显示要求 夜间	显示时机	收回时机	显示地点
6	指挥机车向显示人方向来的信号	要求机车向显示人方向来	展开的绿色信号旗在下部左右摇动（可用单臂）	绿色灯光在下部左右摇动（可用白色灯光）	要求机车向显示人方向来时	持续进行，直至显示停车信号	作业地点处面向司机方向的安全位置
7	指挥机车向显示人方向稍行移动的信号	要求机车向显示人方向稍行移动	拢起的红色信号旗直立平举，再用展开的绿色信号旗左右小动（可用单臂）	绿色灯光下压数次后，再左右小动（可用白色灯光）	要求机车向显示人方向稍行移动时	持续进行，直至显示停车信号	作业地点处面向司机方向的安全位置
8	指挥机车向显示人反方向去的信号	要求机车向显示人反方向去	展开的绿色信号旗上下摇动（可用单臂）	绿色灯光上下摇动（可用白色灯光）	要求机车向显示人反方向去时	司机鸣笛回示	作业地点处面向司机方向的安全位置
9	指挥机车向显示人反方向稍行移动的信号	要求机车向显示人反方向稍行移动	拢起的红色信号旗直立平举，再用展开的绿色旗上下小动（可用单臂）	绿色灯光上下小动（可用白色灯光）	要求机车向显示人反方向稍行移动时	持续进行，直至显示停车信号	作业地点处面向司机方向的安全位置
10	连结信号	表示连挂作业	两臂高举头上，使拢起的手信号旗杆成水平末端相接	红、绿色灯光（无绿色灯光的人员，用白色灯光）交互显示数次	机车、车辆连挂作业时	司机鸣笛回示	作业地点处面向司机方向的安全位置
11	停留车位置信号	表示车辆停留地点		夜间：白色灯光左右小摇动	当推进运行时因天气、地形等原因确认停留车位置有困难时（单机运行除外）	持续进行，直至机车、车辆到达停留车位置显示停车信号	停留车位置处面向司机方向的安全位置
12	三、二、一车距离信号	表示推进车辆的前端距被连挂车辆的距离	展开的绿色信号旗单臂平伸，在距离停留车三车（约60 m）时连续下压三次，二车（约40 m）时连续下压二次，一车（约20 m）时下压一次	绿色灯光，在距离停留车三车（约60 m）时连续下压三次，二车（约40 m）时连续下压二次，一车（约20 m）时下压一次	推进车辆作业时据被连挂车辆距离到达三、二、一车时	司机鸣笛回示	作业地点处的安全位置
13	取消信号	通知将前发信号取消	拢起的手信号旗，两臂于前下方交叉后，急向左右摇动数次	红色灯光作圆形转动后，上下摇动	通知将前发信号取消时	司机鸣笛回示	作业地点处面向司机方向的安全位置
14	要求再度显示信号	前发信号不明，要求重新显示	拢起的手信号旗右臂向右方上下摇动	夜间：红色灯光上下摇动	告知调车作业人员前发信号不明，要求对方重新显示	持续显示，直至对方收到再度显示信号	作业地点处安全位置

续表

序号	类别	显示意义	显示要求 昼间	显示要求 夜间	显示时机	收回时机	显示地点
15	告知显示错误的信号	告知对方信号显示错误	拢起的手信号旗两臂左右平伸同时上下摇动数次	夜间：红色灯光左右摇动	调车作业人员信号显示错误时，告知对方信号显示错误	持续显示，直至对方收到重新显示信号	作业地点处安全位置
16	过标信号	列车整列进入警冲标内方	拢起的手信号旗作圆形转动	白色灯光作圆形转动	通知调车员列车已整列进入警冲标内方，可以停车	对方收到信号，指挥机车、车辆停车	作业地点处安全位置

持旗要求：
（1）在显示手信号时，凡昼间持有手信号旗的人员，应将信号旗拢起，左手持红旗，右手持绿旗（黄旗），不持信号旗的人员徒手按各该条规定方式显示信号。
（2）调车指挥人登乘机车车辆，一手扶把手，一手显示展开的绿色信号旗时，必须将拢旗的红色信号旗置于绿色信号旗对向司机方向的前面，以便能随时展开红色信号旗。
持灯要求：位置适当，正确及时，横平竖直，灯正圈圆，角度准确，段落清晰

具体的动作图示见图 7-26 ~ 7-51。

图 7-26

图 7-27

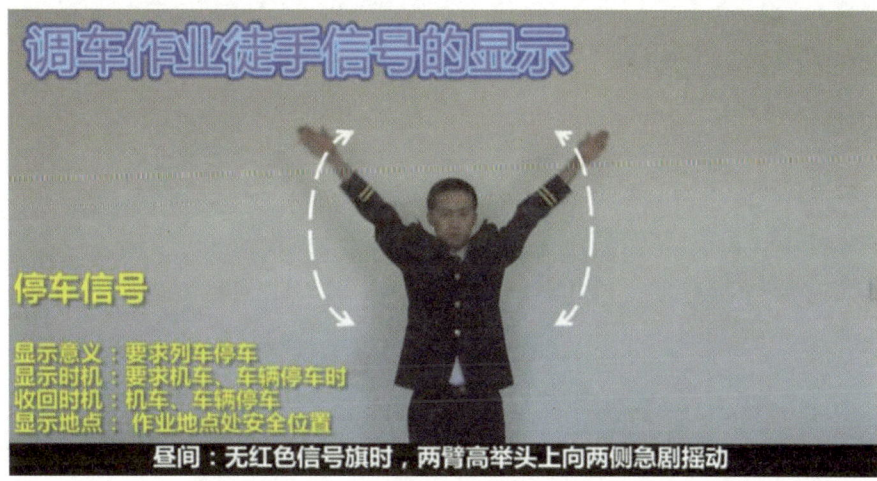

图 7-28

图 7-29

图 7-30

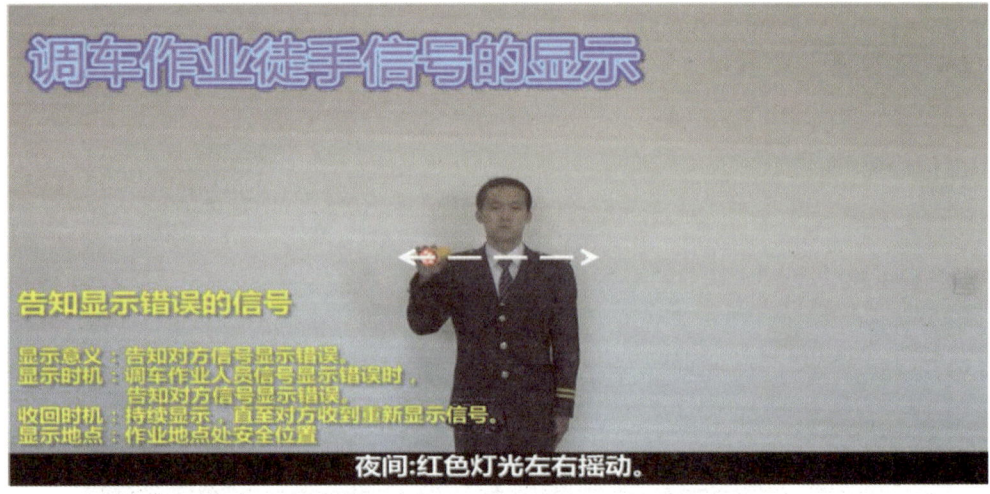

图 7-31

图 7-32

图 7-33

图 7-34

图 7-35

图 7-36

图 7-37

图 7-38

图 7-39

图 7-40

图 7-41

图 7-42

图 7-43

图 7-44

图 7-45

图 7-46

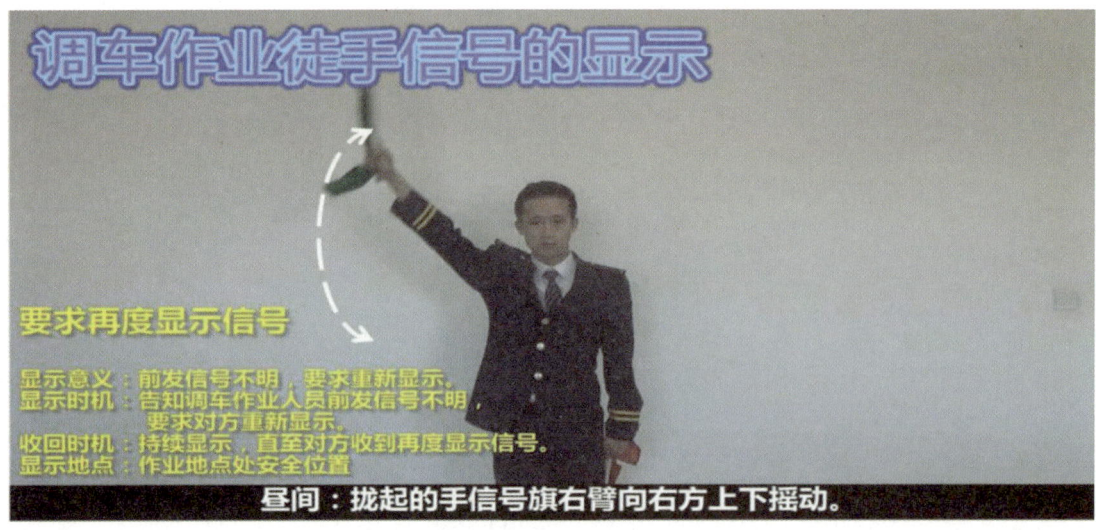

图 7-47

图 7-48

图 7-49

图 7-50

图 7-51

（八）洗车作业规定

（1）电客车回车辆段后需进行洗车作业时，无特殊原因可直接接入 L-4 道洗车线。

（2）有洗车任务的电客车在进入太平桥车辆段前，信号楼值班员必须通知司机进行洗车作业，通知司机与清洗机控制室值班人员联系。列车应在洗车库门口一度停车，司机在洗车库库门开启和得到洗车库值班员通知后以洗车模式限速 3 km/h 进行洗车。

（3）电客车在太平桥车辆段内需要到洗车线洗车作业时，以调车方式办理转轨作业，命令司机电客车到达洗车线库门前一度停车后，与洗车机负责人联系，凭洗车机负责人指令及洗车机信号显示按洗车模式进行洗车作业。

（4）电客车进入列车清洗机后不得后退，因故无法继续洗车需退出洗车线时，洗车机操作人员应及时告知司机，现洗车机不具备洗车条件，需要换端退出洗车线，司机须经信号楼值班员同意，信号楼值班员应征得车场调度员及确认动车进路安全，方可组织司机换端动车。

（5）信号设备故障不能开放信号或洗车机设备故障时，禁止洗车作业。
（6）洗车过程中，电客车车门必须关闭，严禁打开车门。
（7）太平桥车辆段洗车具体作业流程，可参考《太平桥车辆段洗车作业指导书》。

五、车辆调试作业

（一）调试作业人员安排及职责

1. 调试负责人

（1）工程车、电客车进行任何调试，由调试负责人统一指挥、负责调试过程中的安全工作。

（2）在调试工程车、电客车过程中，监控调试人员（含外方人员）禁止擅自动用与行车安全有关的设备设施。

（3）需要按方案进行影响行车的试验操作（如进行紧急制动试验）时须向司机交代清楚，经司机落实好行车安全事宜并同意后方可进行。

（4）其他要求按照《行车设备维修施工管理规定》《太平桥车辆段设备检修施工作业管理规定》相关规定执行。

2. 调试司机

电客车、工程车调试作业，乘务部须安排业务素质较高的两名司机值乘，司机必须根据调试负责人的要求安全操纵电客车、工程车。凡是需要动车时，需要与信号楼值班员或行车调度员联系落实运行进路的安全并得到其同意，确认行车"三要素"（进路、道岔、凭证）正确后方可动车。调试司机必须集中精力加强瞭望、正确操作、按规定驾驶。

3. 车场调度员

在接到调试、试验任务时，将调试、试验计划有关内容向司机布置清楚：包括转线计划、试车内容、试车线送电与否、运行模式、速度要求、机车车辆及行车设备状态、性能等。负责落实调试制度执行到位，监控各相关岗位人员按章作业，确保段内调试作业行车安全。

4. 监控人员

认真核对、落实《调试、试验作业任务书》各项内容和调试作业的各项规章制度，发现异常及时采取措施。

（二）调试作业申请及注意事项

（1）车场调度员接受调试作业计划（包括车辆段、正线调试作业）时，必须与调试部门或配合部门的负责人落实好调试作业的驾驶模式、运行速度、车辆及设备状况、调试主要内容、作业时间、安全注意事项、跟车人员等内容，并要求其在相关调试、试验作业任务书（分电客车、工程车两种）上注明，调试、试验作业任务书未明确时，禁止进行调试作业。

（2）车场调度员在向司机布置计划时，必须将上述事项在调车作业计划单上注明，并将相关调试、试验作业任务书交司机确认，落实司机是否清楚、明白。

（3）车辆段内调试作业，调试负责人须在《车辆段施工、检修作业登记簿》上登记。

（4）调试负责人必须亲自或安排工程师级别以上人员添乘司机室。

（5）原则上夜间，湿滑路面上不安排电客车进入试车线进行高速调试作业。

（三）动车前的注意事项

（1）调试准备工作。

利用自身动力调车或动态调试时，发现电客车出现下列情况下之一时无法动车和调试，此时严禁动车。

① 总风压力不足。
② 制动未缓解。
③ 停放制动未缓解。
④ 车门未关好。
⑤ 转向架及车下其他位置有不正常、有异物。
⑥ 其他规章或手册要求禁止动车的条件。

段内任何调试作业（包括信号、机车、车辆的任何调试、试验及投入运营服务前所做的准备工作），调试工作负责部门必须派出技术人员跟车负责监控车辆状态。

车辆调试作业开始前由车场调度员按照《行车设备维修施工管理规定》及其他有关规章规定组织调试人员、司机、信号楼值班员做好调试准备，如果调试负责部门未派人跟车，禁止进行调试作业（如正线调试需向行调说明），调试相关人员须提前半小时到位并在库内上车，调试作业结束后在库内下车，禁止跟车人员在调试中途上下车，如跟车人员在中途下车，司机禁止动车，立即向行调/车场调度员汇报并按其指示执行。

（2）调试司机按《电客车司机手册》《工程车司机手册》有关检车流程对调试电客车、工程车进行检查、试验，确保电客车、工程车状态符合行车要求。

（3）调试司机动车前检查线路限界、进路信号的显示、调试人员到位及设备等是否具备行车条件，如有异常及时报告信号楼值班员（车场调度员）并禁止动车。

（4）调试列车上正线动车前，调试司机正确理解调度命令内容，明确调试负责人并与其确认调试内容及安全注意事项，明确调试程序后，双方在《调试、试验作业任务书》上签名确认。

（四）调试过程中的注意事项

（1）调试司机应严格执行规章制度、控制好速度，加强瞭望和呼唤应答，认真操作，密切注意、观察设备仪表的状态，遇信号异常或危及行车安全时，应立即采取紧急停车措施，并及时汇报调试负责人，在车辆段报车场调度员，在正线报行车调度员，听从其指示，确保调试电客车的安全。

（2）调试作业严禁司机学员操纵列车。

（3）严禁任何人爬上电客车、工程车车顶，运行中严禁探身车外、飞乘飞降，任何人不得扶着手扶杆站在车厢外面。

（4）动态试车前，必须确保电客车的制动系统作用良好。静态试验前，必须对车辆施加停放制动。

（5）作业途中停止时，没有调试负责人的指示，严禁擅自动车。

（6）在调试作业过程中电客车、工程车出现机车车辆或信号故障时，应及时向调试负责人汇报，由其处理，视其需要给予协助。禁止未经调试负责人同意擅自动用车载设备或进行任何试验操作。

（7）调试过程中，司机需服从调试负责人的指挥，遇调试负责人提出调试要求超出计划内容时，司机应及时向车场调度员汇报并得到其同意后方可执行。

（8）严禁调试作业人员未经司机同意擅自下车或进入隧道作业，司机发现违反规定者在车辆段报车场调度员，在正线报行车调度员，若因设备原因联系不上行调时，报车站行车值班员转告行车调度员，由调试负责人确认所有人员已上车后再动车。

（9）遇下列情况司机应给予坚决制止，严禁动车，并将情况报告车场调度员，在正线报行车调度员处理。调试人员（含外方人员）不听劝阻者，司机有权停止作业。

① 调试指令违反相关安全规定或规章时。
② 危及行车安全（如有物品侵入限界、道岔位置不对等情况）时。
③ 不具备动车条件（如电客车上的设备未恢复正常位置、未进行制动试验等情况）时。
④ 无调试负责人在场（只有外方人员的情况）时。
⑤ 作业计划不清或计划与实际有出入时。
⑥ 作业途中停止时，没有调试负责人的指示，严禁擅自动车。

（10）遇恶劣天气（如暴雨、暴雪、大雾、雷电等），难以瞭望确认线路、道岔、信号等情况时，车场调度员应停止段内的调试作业，并通知相关部门负责人。

（五）试车线调试规定

（1）安全措施。

① 电客车、工程车开始调试的第一趟或调试作业中途停止超过 2 h 后需要重新调试时，限速 15 km/h 进行线路检查、制动力试验。

② 试车线开始调试前，司机驾驶调试车辆停稳在试车线 T1G 后与信号楼值班员联系请求开始调试作业，在得到信号楼值班员通知试车线已封锁、调试信号已开放、可凭地面信号显示及调试负责人指令动车的命令后，开始调试作业。调试作业完毕，司机驾驶调试车辆在试车线 T1G 停稳后向信号楼值班员汇报调试作业结束申请回库，信号楼值班员必须在确认调试车辆整列已停到位后，才能开放从试车线出来的调车信号命令司机动车，调试司机得到信号楼值班员的同意后凭信号楼值班员的命令及调车信号显示动车。试车线试车准备作业程序如表 7-12 所示。

表 7-12 试车线试车作业程序

步骤	责任人	工作事项
1	车场调度员	1. 根据调试作业申请方提出的车辆调试请求和施工计划，核对施工计划无误后通知信号楼值班员办理线路出清，得到线路出清通知后编制调车作业计划。 2. 与调试人员商定安全注意事项，编制调试计划并通知场备司机做好调试作业准备。 3. 将试车事项、安全措施及调车计划通知信号楼值班员。 4. 向调试司机传达调试计划、调试内容及安全注意事项、发放行车备品等
2	信号楼值班员	1. 与车场调度员核对调试计划无误后办理线路出清作业。 2. 根据调车计划排列进路组织车辆调试作业
3	调试司机	1. 确认列车进入试车线 T1G 停稳后，向信号楼值班员申请办理试车作业的请求。 2. 根据现场信号显示和调试负责人指令进行试车，配合进行调试作业。 3. 向信号楼值班员申请调试模式进路

续表

步骤	责任人	工作事项
4	信号楼值班员	1. 确认列车在试车线 T1G 停稳后,将试车线上道岔单独锁定定位,在占线板相应位置标注后,开放调试信号。 2. 通知司机根据调试信号和调试负责人指令试车。 3. 配合调试人员排列所需调试模式进路
5	调试司机	1. 与调试负责人确认调试作业结束后,将调试列车在 T1G 内停稳,向信号楼值班员办理请求试车线回库作业。 2. 根据现场信号显示和信号楼值班员命令动车回库
6	信号楼值班员	1. 确认列车在 T1G 内停稳后,取消调试信号办理列车回库作业; 2. 通知司机根据现场信号和动车回库

③ 任何情况下严禁进行无人引导的推进运行。在电客车车载 ATP（Automatic Train Protection，列车自动防护）正常情况下，司机以 RM 模式驾驶回库，若不能使用 RM 模式时，则采用 NRM（Non Restricted Train Operation Mode，不受控（ATP）人工驾驶模式）模式限速 15 km/h 回库。

④ 进行工程车调试作业或进行司机驾驶培训时，只能在试车线两端的"100 m 标"区段内运行。特殊情况需要越过该标时，须停车后由调试负责人提出，报经车场调度员同意后，限速 10 km/h 进入前方轨道。

⑤ 遇恶劣天气（如暴风雨雪、大雾等），难以通过瞭望确认线路、道岔、信号等情况时，车场调度员应停止段内的调试、调车作业，并及时通知相关部门负责人。

⑥ 当电客车、工程车在试车线运行中出现"空转/滑行"时，司机及时停车报告车场调度员，车场调度员应立即停止该项调试、试车作业，在查实情况并落实措施后方可继续进行。

（2）试车线的限制速度司机要严格遵守，按照试车线行车信号、标志要求，严格控制速度运行。调试机车、车辆接近尽头线及其信号机时必须降低速度。试车线速度如表 7-13 所示（工程车调试速度比照电客车的 NRM 模式调试速度执行）。

表 7-13 试车线各标示牌运行限制速度表（单位：km/h）

地点或时机	昼间正常		雨天、雪天、雾天、夜间	
	NRM	ATO/ATP	NRM	ATO/ATP
第一趟往返	15			
300 m 标	40	60	25	25
200 m 标	30	40	15	15
100 m 标	20	25	接近 100 m 标时，司机严格按照"三、二、一车"的限制速度（即 8、5、3 km/h）	
停车标	接近两端停车标时，司机严格按照"三、二、一车"的限制速度（即 8、5、3 km/h）		禁止进入	

（3）电客车以 NRM 模式调试最高运行速度为 60 km/h，雨天、雪天、雾天、夜间的调试最高运行速度为 40 km/h。进行高于 40 km/h 的 NRM 模式调试时须安排在昼间进行。

（4）电客车以 ATO/ATP 模式调试时，最高运行速度为 60 km/h。

（5）进行 ATO/ATP 模式驾驶信号调试，在接近停车点出现速度异常或在运行过程中实际速度高于正常制动距离的速度时，司机必须立即采取紧急停车措施。

（6）昼间正常情况下，电客车以 NRM 模式调试时，电客车到达"200 m"标时，如果速度未降至 30 km/h，司机必须采取 100%的全制动停车。客车到达"100 m"标时，如果速度未降至 20 km/h，司机必须采取 100%的紧急制动停车。

（7）特殊情况下，电客车进行 AW0 载荷的高速（指高于 60 km/h 直至 80 km）试验时，必须征得车辆中心主任的同意，在试车线两端"高速调试起始点"开始进行高速调试，在电客车到达 80 km/h 时采取制动措施，电客车到达"高速调试终止点"时，司机必须采取 100%的全制动停车。若电客车到达"高速调试终止点"前速度仍未达到 80 km/h，则严禁再提速到 80 km/h，应停止高速试验。

（8）其他作业要求及安全规定严格按照《行车设备维修施工管理规定》《太平桥车辆段设备检修施工作业管理规定》等相关规章执行。

任务评价

根据以上学习内容，评价自己对本任务内容的掌握程度，在下表相应空格里打"√"。

评价内容	差 （60%以下）	合格 （60%~80%）	良好 （80%~90%）	优秀 （90%以上）
对太平桥车辆段概况知识的掌握程度				
对技术设备知识的掌握程度				
对行车组织工作知识的掌握程度				
对调车作业知识的掌握程度				
对车辆调试作业知识的掌握程度				
学习中存在的问题或感悟				

模块八　车场组车场调度员日常作业知识

案例导学

小安在车场调度员岗位实习一段时间，但总是感觉比较盲目，不知道该学点什么，看师傅的操作都很简单，但是当自己设身处地去考虑时，根本不知道该在什么时候操作，如何操作。师傅告诉小安，作为车场调度员，每一项工作都有相关的要求，正所谓"无规矩不成方圆"。

那么，小安应该了解哪些知识？如何打牢自己的基础？

学习目标

1. 了解车场调度员基础管理。
2. 了解车场调度员工作制度。
3. 了解正常情况下行车工作。
4. 了解占线板使用原则。
5. 了解调车单填写规范。
6. 了解太平桥车辆段供电分区停电防护示意图。
7. 了解巡段检查标准。
8. 了解回库列车库门打开组织工作。

技能目标

1. 熟悉车场调度员基础管理。
2. 熟悉车场调度员工作制度。
3. 熟悉正常情况下行车工作。
4. 熟悉占线板使用原则。
5. 熟悉调车单填写规范。
6. 熟悉太平桥车辆段供电分区停电防护示意图。
7. 熟悉巡段检查标准。
8. 熟悉回库列车库门打开组织工作。

一、基础管理

（一）定置化规定

为有效地达到定置化管理，车场调度室用房要求台账及办公用品实施定置化摆放。

① 办公桌面从左到右应依次摆放办公电脑（派班系统）、存档文件、ATS 监控系统、办公电话、调度录音电话、办公电脑（车场调度员使用）、存档文件、《车场调度员交接班日志》、打印机、打孔器、办公电话、办公电脑（督察员使用）。

② 办公桌抽屉，应按抽屉桌贴明细，按要求存档相应的台账、办公用品。

③ 电台充电架，从上到下依次摆放 400M 充电器，800M 充电器、夜间电池、电台充电完毕后，核对其数量，及时将电池、电台进行存放。

④ 车场调度室办公卷柜共 6 组，分别用作行车备品存放、台账备品存放、归档台账存放、司机备品存放，依次摆放至车场调度室。

⑤ 车场调度室卷柜存放按卷柜存放明细，按要求存放相应的行车备品、规章制度文件、生产台账备品、归档台账、司机备品等。

注：交班前应对所属区域场所及办公桌面进行清洁，将台账及办公用品按要求进行摆放。

（二）行车备品管理

（1）车辆段行车备品的日常管理工作由当值车场调度员负责。

（2）每日交班前，车场调度员须认真核对行车备品数量及设备状态，当数量不正确时及时上报。

（3）每日车场调度员负责行车备品的维护与使用，确保设备能够正常使用。

（4）行车设备出现损坏时，应确定是否为人为损坏，并将具体情况上报。

（5）行车备品明细见表 8-1。

表 8-1

名称	1号线 800M 手持台	3号线 800M 手持台	1号线列车钥匙	3号线列车钥匙
数量	72	9	21	6
名称	1号线 400M 对讲机	3号线 400M 对讲机	荧光衣	信号旗
数量	43	8	5	3
名称	手电	安全帽		
数量	2	4		

二、车场调度员工作制度

（一）日勤调度岗位职责

（1）负责对倒班车场调度员、信号楼值班员日常作业的监督、管理工作，督促其按中心及部门要求进行日常作业。

(2)负责对倒班车场调度员、信号楼值班员相关台账的检查工作。

(3)负责对 DCC 调度室、信号楼控制室卫生的检查工作。

(4)负责定期查看班组视频,检查作业标准。

(5)负责班组人员年休、事假等假别的替班工作。

(6)及时完成领导交办的其他任务。

(二)倒班调度岗位职责

(1)负责列车出、入段的行车组织工作。发生信号设备故障需要组织列车降级出入段时,负责组织各相关人员进行降级运作,确保接发列车作业的有序进行。

(2)掌握车辆段范围内各股道的使用状况,合理安排各种车辆的停放股道并对各种车辆的停留位置及防溜措施进行掌握。

(3)合理组织车辆段内行车、施工、检修等作业,监督施工部门落实相应的安全措施,发现违章作业有权制止并上报相关部门处理。

(4)根据车辆及各维修部门的作业需要及有关资料,编制各种车辆的调车、调试作业计划组织并监控各岗位的实施情况。

(5)全面掌握车辆段内接触网带电状况,严格执行接触网停送电相关规定。

(6)负责管辖办公区域行车、生活设备的正确使用和维修保养工作及故障报修工作。

(7)负责车辆段范围内各类行车事故、恶劣天气等应急预案启动的组织实施工作。

(8)负责段内司机的出退勤组织、行车备品的发放收回及公寓房间管理工作。

(9)认真履行交接班制度,确保各项作业及时完成并做好区域内的卫生。

(10)负责当班期间对段内的巡视工作。

(11)及时完成领导交办的其他任务。

(三)工作接口

(1)与行调接口。

① 在行车和施工组织过程中,如果涉及转换轨及正线,要与行调进行密切的联系,以保证能够安全、准确、及时地完成计划任务。

② 严格按照《运营时刻表》组织列车出/入段。首列电客车出段前 2 h 车场调度员按《运营时刻表》的计划提供当日合格上线运行的电客车车组号(包括备用车)。

③ 其他需要与行调沟通的工作事宜。

(2)与指挥中心施工管理接口正线施工计划由指挥中心施工管埋发出,车场调度员应认真审核正线施工计划与车辆段内各项工作是否有冲突,如有冲突,应立即与指挥中心说明情况,待指挥中心做出调整后方可按照正线施工计划组织审批施工。

(3)与设调(操作)接口。

① 在办理供电分区接触网断送电作业时,按作业流程向设调(操作)提出作业申请。

② 接收设调(操作)通知的段内 FAS/BAS 报警,及时组织人员或亲自赶赴现场查看,并将信息及时进行反馈。

③ 根据施工需要将 FAS/BAS 自动改手动时,与设调(操作)进行沟通,说明情况。

④ 配合设调(操作)对段内故障设备的抢修工作。

(4）与设调（维修）接口。

① 车辆段内的行车设备发生故障时，及时上报设调（维修）组织维修。

② 配合设调（维修）对段内故障设备的抢修工作。

(5）与信号楼值班员接口。

① 根据计划及时向信号楼值班员布置行车、施工作业及其他组织命令。

② 及时向信号楼值班员传达相关公司文件。

③ 其他需要工作协调的接口工作。

(6）与检修调度接口。

① 与检调共同编制当日《收发车计划表》，明确车辆相关作业需求。

② 根据检修调度员因工作需求提出的作业申请进行审批及配合作业。

③ 接收检修调度员提供的相关数据，编制报表。

④ 其他需要工作协调的接口工作。

(7）与生产调度接口。

① 当段内发生设备设施故障时向其下达抢修工作的指令。

② 其他需要工作协调的接口工作。

(8）与司机接口。

① 对段内司机的日常管理工作。

② 对段内有需转轨、调试作业时的组织工作。

③ 对司机相关行车备品的发放及收回工作。

(9）与派班员接口。

① 接收派班员提供的相关数据，编制车辆中心日工作报表。

② 其他需要工作协调的接口工作。

（四）车场调度员工作安排

(1）车场调度员岗位倒班方式采用四班二运转制，白班8：00—17：30，晚班17：00—次日8：30。

(2）车场调度员接班前应进行工作交接，交班车场调度员应主动介绍本班工作情况及下班工作计划，交接完毕后接班调度在《车场调度交接班日志》上盖章视为接班上岗。交接班人员应执行"五清五不交"标准，具体内容如下。

① "五清"。

a. 列车运行计划清。

b. 段内停留车位置、防溜措施清。

c. 各项施工作业计划清。

d. 各种行车备品清。

e. 有关命令、注意事项清。

② "五不交"。

a. 不在规定地点、着装不规范不交。

b. 接车时,列车自转换轨停稳开放入段信号至列车进段停妥前不交。

c. 发车时,自待发列车的出段信号开放或交付行车凭证至列车转换轨停稳前不交。

d. 调车作业一批未完不交(必须交班时,应重新传达计划)。

e. 备品不清,卫生不达标不交。

③ 接班调度接班后应按照行车及施工计划组织开展各项工作,实时掌握段内股道、车辆运行、施工/检修、停送电等情况,并与相关岗位紧密沟通协作,确保段内各项工作安全有序开展。

④ 根据工作需要,填写相关作业台账,规范管理各类文件。

⑤ 当班期间接收并学习下发的各类文件,做好签字记录。

⑥ 交班前组织场备司机打扫工作场所卫生。

三、正常情况下行车工作

(一)发 车

1. 发车工作流程(见图 8-1)

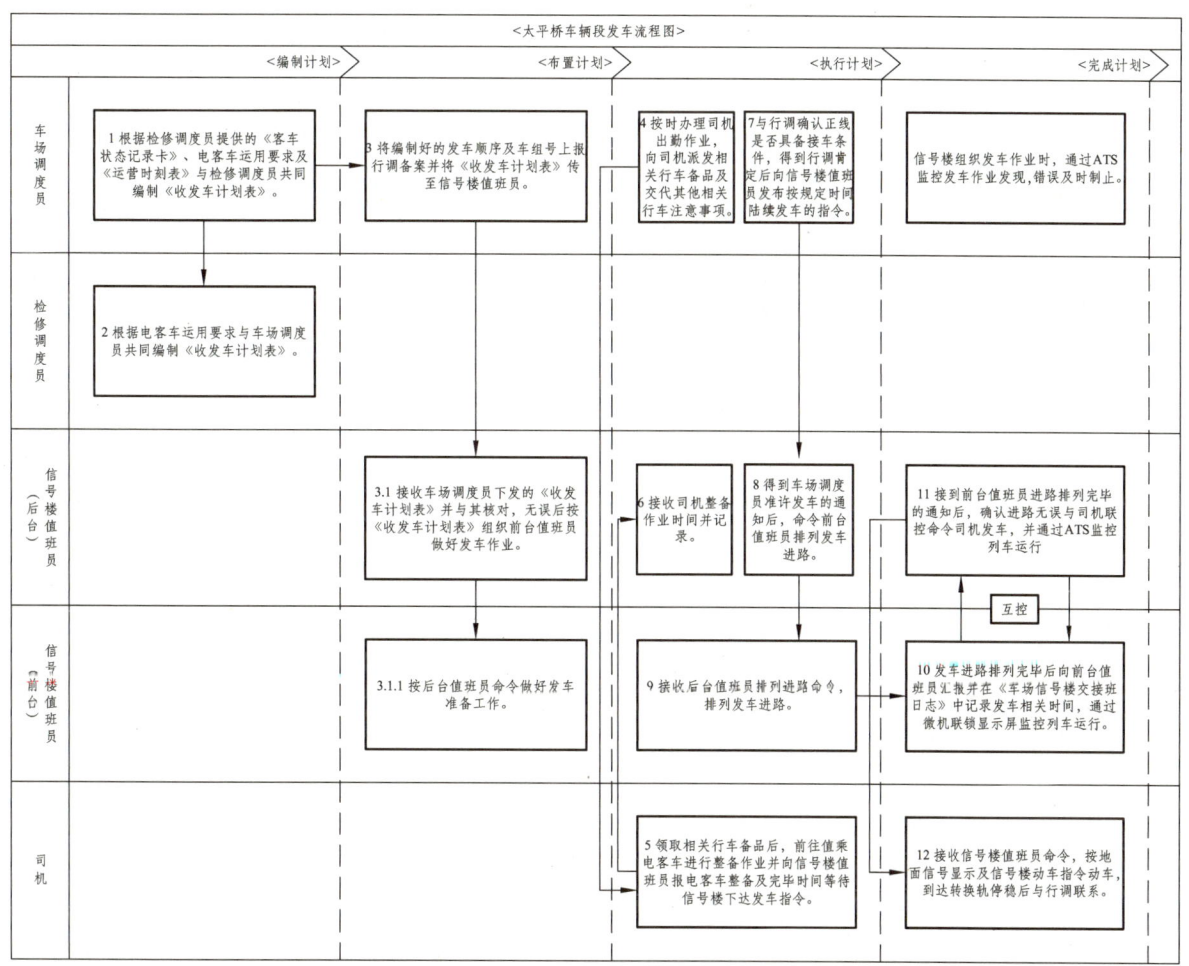

图 8-1 发车工作流程图

2. 发车流程说明

（1）发车作业保障说明。

① 检修调度员确认电客车状态并填写《客车状态记录卡》于首列车发车前2 h交予车场调度员，车场调度员签字接收。

② 车场调度员与检修调度员共同编制、核对《收发车计划表》，核对无误后车场调度在发车前50 min向行调提供上线电客车车组号、向信号楼后台值班员提供《收发车计划表》，如因列车故障无法按计划实行，车场调度员应立即调整《收发车计划表》并将调整后的计划向相关人员传达。

③ 在运营日计划首列车发车前1 h，车场调度员安排场备司机对当日《收发车计划表》中前两列与备用电客车进行检车整备作业，电客车整备完毕后保持电客车带电状态，随时可以发车，司机检查完毕后若是有问题则走故障报告程序。

（2）发车计划表的说明。

①《收发车计划表》根据《运营时刻表》由车场调度员、检修调度员共同进行编制。

② 回段后需要进行洗车作业的电客车，检修调度员应在《收发车计划表》的"是否洗车"栏中注明。

③《收发车计划表》编制完成无误后，发给信号楼值班员、检修调度员。

（3）故障报告程序的说明。

① 车场调度接到司机的故障报告后应立即通知检修调度故障问题，检修调度应及时组织检修人员进行故障处理。

② 如故障未排除但影响上线运营的情况下，检修调度员经相应人员批准后发放《客车状态记录卡》并在状态卡上注明故障情况和注意事项，车场调度员方可将此电客车安排上线运营并应将情况在"车辆中心信息通报群"中进行汇报。

③ 如该故障无法处理，扣修需换热备车时，检修调度员应及时提供其他车辆替代热备车，并同时提供新的《客车状态记录卡》，车场调度员应调整发车顺序，组织司机更换热备车并将此情况及时向行调汇报，并在"车辆中心信息通报群"中进行汇报；

④ 车辆发生故障后，车辆无法及时整备作业完毕，车场调度员得知情况后有权决定调整热备车替发该车次，保证每列车按时出段。

（二）接　车

1. 接车工作流程

工作流程如图8-2所示。

2. 接车前注意事项

（1）当班车场调度根据《收发车计划表》与当班行车调度核对回段电客车车次是否有调整，如有调整及时通知当值检修调度。

（2）车场调度与检修调度核对回段电客车洗车计划是否有调整。

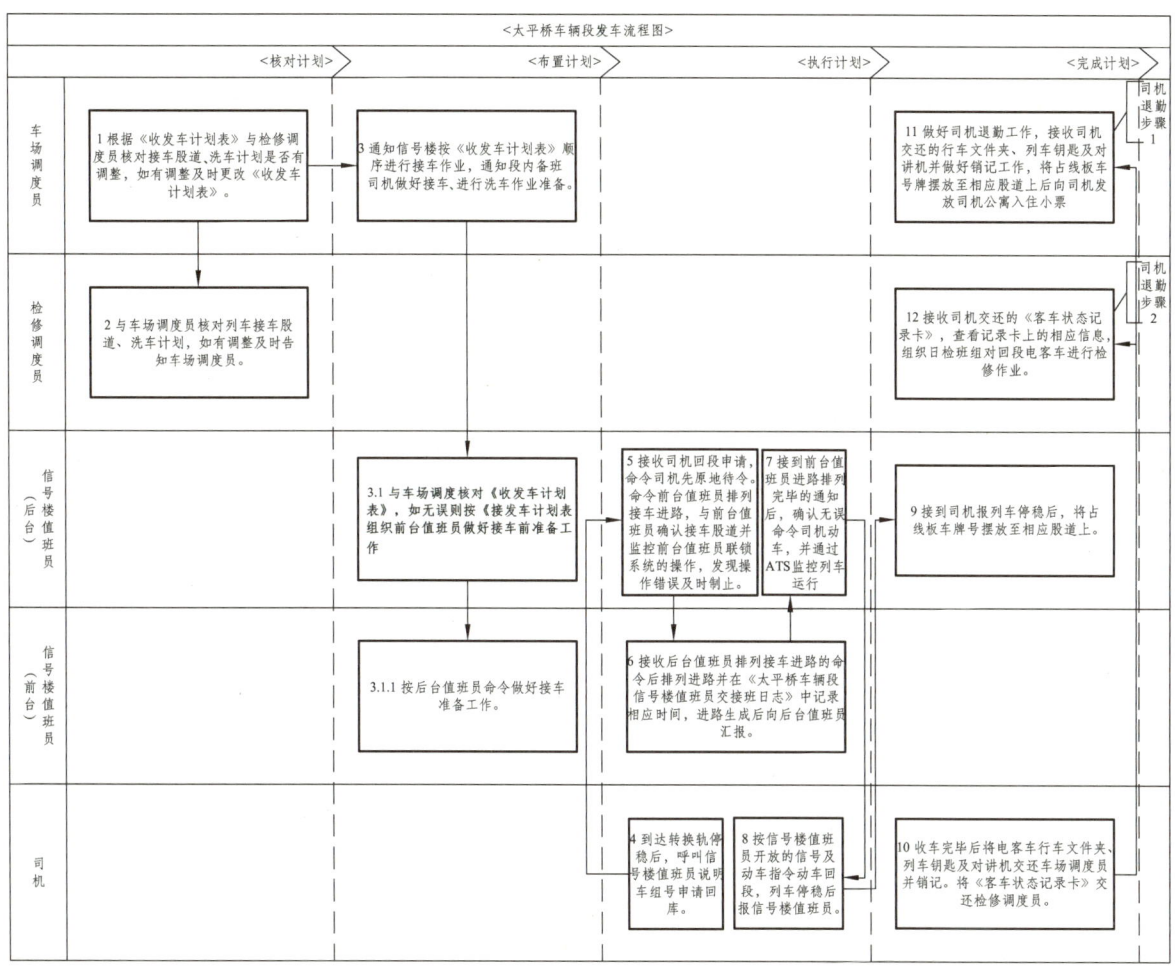

图 8-2　接车工作流程图

3. 司机与车场调度交接的说明

（1）司机将电客车停稳收车后，将行车文件夹（2个）、800M手持台（2个）、400M对讲机（2个）、1套钥匙（包含1把列车主控钥匙和2把方孔钥匙、1把PSL盘钥匙、1把站台门端门钥匙）行车备品交还车场调度，确认行车备品状态良好后，在《太平桥车辆段司机出退勤登记簿》内退勤销记，并将该车号牌放在占线板相应股道位置上。

（2）车场调度员组织司机入住公寓，根据派班员编制的《公寓安排计划表》发放《公寓候班证明》。

（三）调　车

1. 调车工作流程

工作流程如图 8-3 所示。

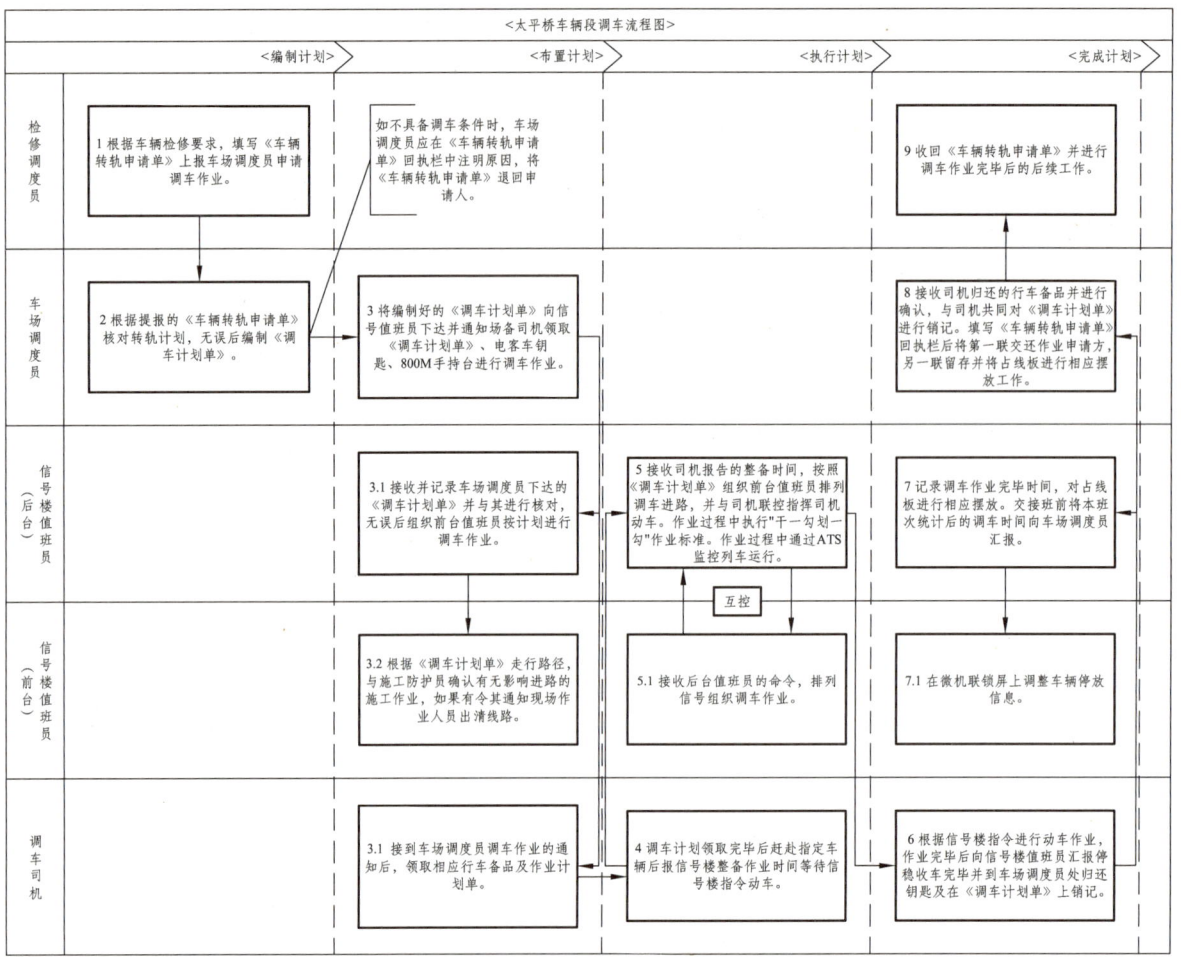

图 8-3　调车工作流程图

2. 调车流程说明

（1）调车计划编制的说明。

① 车辆转线作业时车场调度跟据《车辆转轨申请表》核对情况并结合实际生产要求做出是否同意的决定。

② 车场调度对符合机车、车辆转轨条件的，应编制《调车作业计划单》。

（2）调车计划传达的说明。

① 车场调度员应以书面的形式向调车员下达调车作业计划。

② 车场调度员用调度录音电话向信号楼值班员传达调车作业计划并在占线板上做好标记。

③ 变更作业计划必须停车传达，确认有关人员复诵清楚，须下达书面调车作业计划。

（四）调　试

1. 调试工作流程

工作流程如图 8-4 所示。

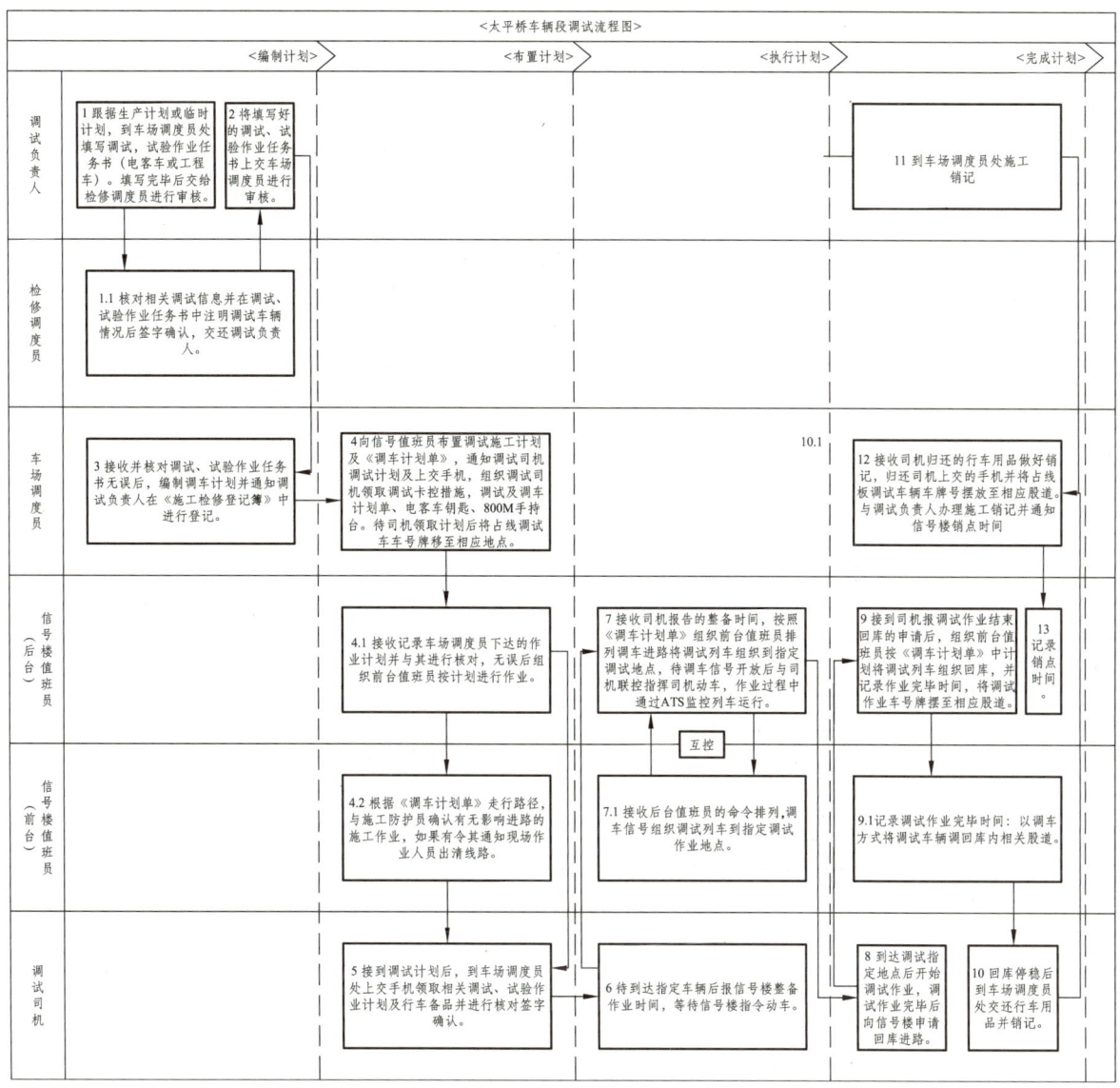

图 8-4　调试工作流程图

2．调试流程说明

在接到调试、试验任务时，将调试、试验计划有关内容向司机布置清楚：包括转线计划、试车内容、试车线送电与否、运行模式、速度要求、机车车辆及行车设备状态、性能等。负责落实调试制度执行到位，监控各相关岗位人员按章作业，确保段内调试作业行车安全。

3．调试作业安全说明

（1）车场调度员接受调试作业计划（包括车辆段、正线调试作业）时，必须与调试部门或配合部门的负责人落实好调试作业的驾驶模式、运行速度、车辆及设备状况、调试主要内容、作业时间、安全注意事项、跟车人员等，并要求其在相关调试、试验作业任务书上注明，调试、试验作业任务书未明确时，禁止进行调试作业。

（2）车场调度员在向司机布置计划时，必须将上述事项在调车作业计划单上注明，并将相关调试、试验作业任务书交司机确认，落实司机是否清楚、明白。

（3）原则上夜间，湿滑路面上不安排电客车进入试车线进行高速调试作业。

（4）遇恶劣天气（如暴风雨雪、大雾等），难以通过瞭望确认线路、道岔、信号等情况时，车场调度员有权停止段内的调试、调车作业，并及时通知相关部门负责人。

4. 正线、试车线调试作业办理说明

（1）正线。

车场调度员根据正线调试计划规定时间及要求，组织信号楼值班员将调试电客车发至正线进行调试作业。

（2）试车线。

车场调度员根据车辆段调试计划规定时间及要求，组织信号楼值班员将调试电客车调至试车线进行调试作业。

（五）施工/检修

1. 施工/检修作业流程

作业流程如图 8-5 所示。

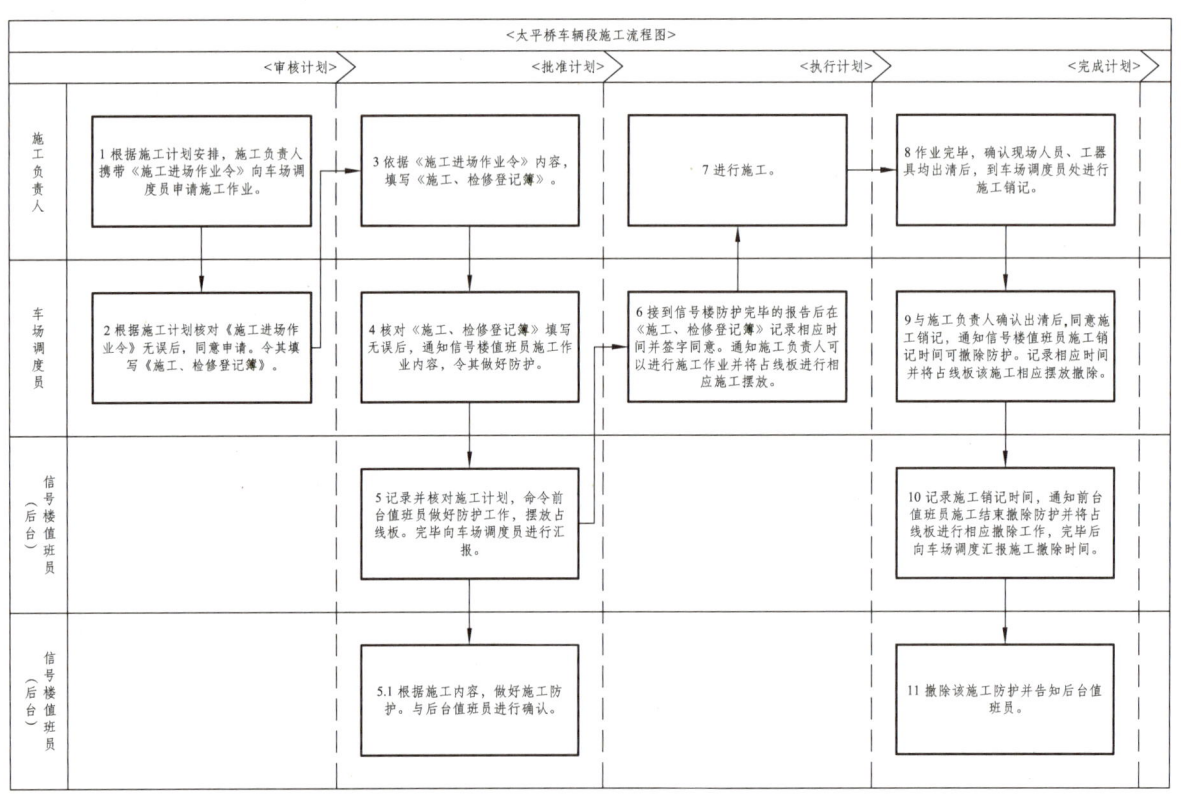

图 8-5 施工/检修工作流程图

2. 施工检修区域划分及施工计划提报要求规定说明

（1）太平桥车辆段内的施工/检修作业，只有在接触网及线路上施工/检修作业，影响列车出入太平桥车辆段、机车车辆运行、限界、接触网停电时，才设置作业区域，作业区域需办理封锁手续。

（2）施工/检修计划的划分按《行车设备维修施工管理规定》中的有关规定执行。在车场的施工为B类，其中开行电客车、工程列车的施工（不含车辆中心电客车、工程列车的检修作业）为B1类，不开行电客车、工程列车但在车场线路限界、影响接触网停电、在车场线路限界外3 m内种植树木、搭建相关设施及影响车场行车的施工为B2类，车场内除B1/B2以外的施工作业为B3类（办公室、食堂等生活办公设备设施维修除外）。

（3）B类施工作业经车场调度员同意方可进行，如影响正线行车须报行调批准。B1、B2类作业，作业部门每周（周五前）将下周该类作业计划提交至车辆段施工管理处备案，作业时，作业部门根据备案的计划到车场调度员处请点，车场调度员根据实际情况给予安排。

（4）属于B3类的作业，不需提报计划，施工作业负责人直接与车场调度员联系，经车场调度员同意后方可开始施工。B3类施工须凭《外单位施工作业许可单》登记请点，外单位施工领导人/负责人须同时出示《安全合格证》，本公司员工须出示《工作证》，方可进场作业。

3. 施工/检修请、销点说明

（1）请点。

① 如遇作业区域同时包含正线和段内并请点地点在车辆段时，车场调度员须先向行调请点，征得行调同意后方可批准该施工作业。

② 车辆段内施工请点必须是地铁内部主管部门人员，有外单位作业时，由指定的施工主办部门或主配合部门人员协助办理请点，须凭《外单位施工作业许可单》登记请点，外单位施工领导人/负责人须同时出示《安全合格证》，本公司员工须出示《工作证》，方可进场作业。

（2）销点。

① B类作业施工完毕，施工负责人负责施工区域出清后向场调销点，销点人员必须是地铁内部主管部门人员，段内施工不允许异地销点。

② 如遇作业区域同时包含正线和段内时，销点时车场调度员须同时向行调办理销点手续。

③ 当日因特殊原因施工作业时间需调整，施工负责人应在施工规定结束时间前30 min向车场调度员提出申请，车场调度员根据实际生产情况进行审批，否则禁止调整作业时间（如果影响正线，车场调度还须征得行调同意）。

（六）接触网大面积停/送电作业

1. 接触网大面积停/送电流程

作业流程如图8-6所示。

2. 停电说明

（1）车场调度核对施工计划、列车运行情况后，首先通知信号楼值班员做好防护并记录防护时间和内容，然后再联系设调（操作）段内是否具备停电条件。

（2）得到设调（操作）确认施工区域接触网已停电通知后，记录停电时间。车场调度通知信号楼值班员停电时间，告知施工负责人停电区已停电，待施工方挂完地线并记录后方可批准此施工作业。

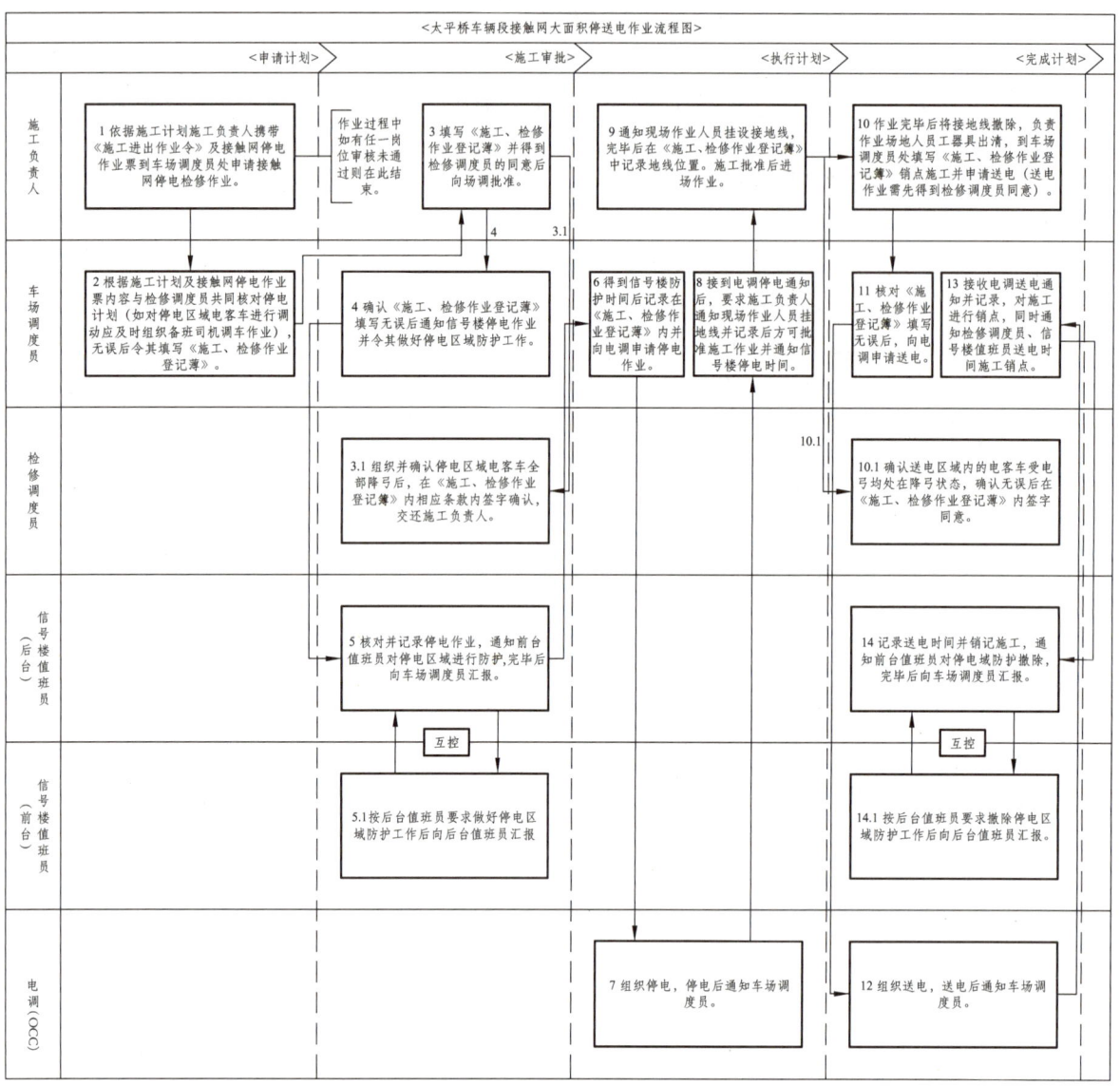

图 8-6　接触网大面积停/送电作业流程图

3．送电说明

（1）车场调度接到送电申请应与检修调度员核对送电区域的车辆情况，在核对场内施工及列车运行情况后，向设调（操作）说明具备送电条件，申请送电。

（2）得到设调（操作）送电的通知后，通知信号楼值班员已经送电，撤销防护并记录送电时间。

（七）接触网单股道停/送电作业

1．接触网单股道停/送电作业流程

作业流程如图 8-7 所示。

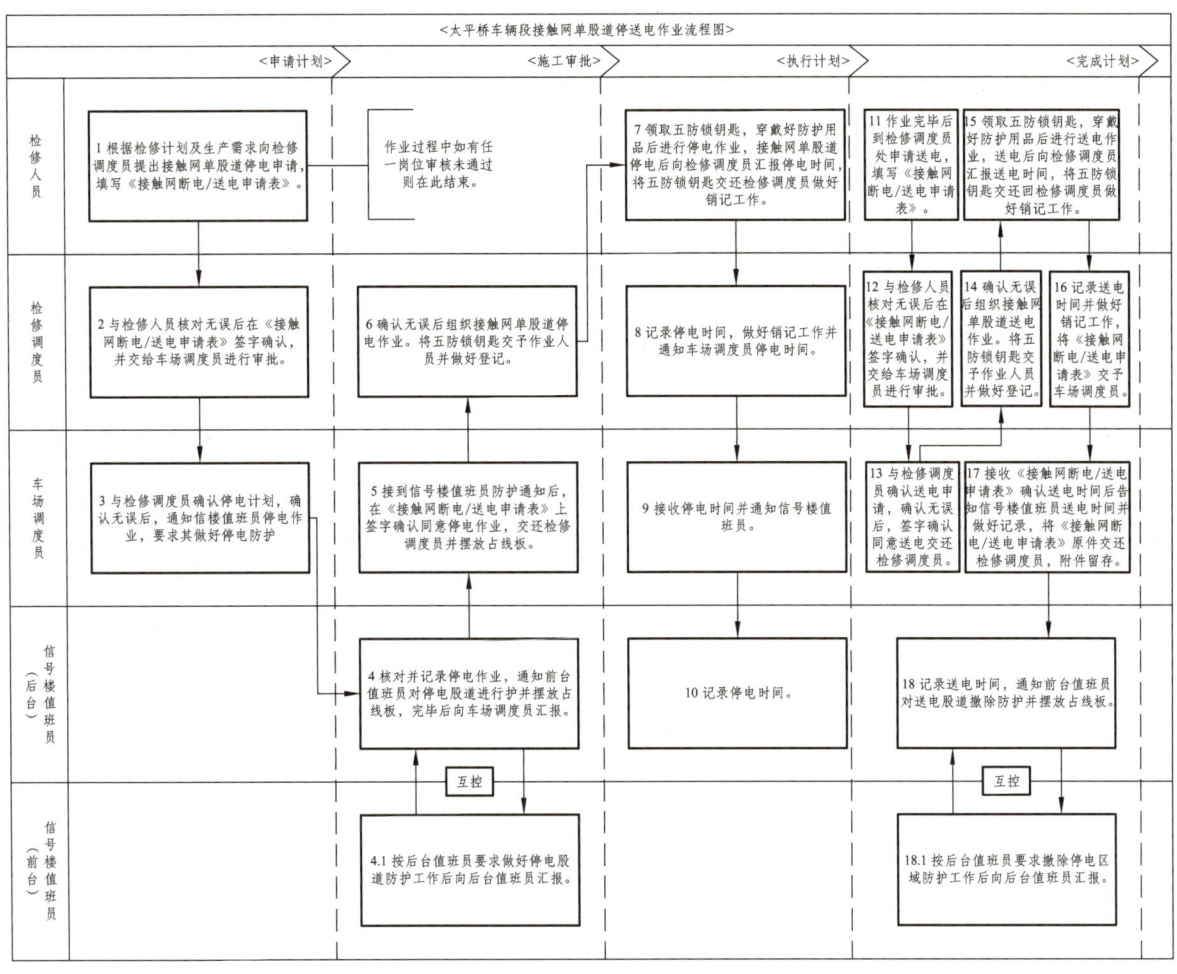

图 8-7　接触网单股道停/送电作业流程图

2. 停电说明

（1）车场调度在核对库内接触网断电申请表、施工计划及列车运行情况后，首先通知信号楼值班员做好防护并记录防护时间和内容，然后再通知检修调度员接触网具备停电条件。

（2）得到检修调度员通知接触网已停电后，记录停电时间。车场调度员通知信号楼值班员停电时间。

3. 送电说明

（1）车场调度员核对库内接触网送电申请表、施工计划及列车运行情况后，通知检修调度员接触网已具备送电条件。

（2）得到检修调度员送电通知后，通知信号楼值班员已经送电，撤销防护并记录送电时间。

四、占线板的使用原则

（一）车场调度发出或收回的作业凭证，是占线板所有作业牌摆放或撤走的依据

如"客车状态记录卡"或"调车单"等。

（二）接车作业车号牌使用摆牌规定

电客车停稳后，司机必须将相关行车备品交回给车场调度，车场调度收回相关行车备品并与司机确认正确后，再将车号牌摆放在相应的股道上。

（三）发车、调车作业车号牌使用规定

发车、调车作业开始后，车场调度第一时间移动列车的车牌号并将其摆放在适当位置。电客车发车凭证为《客车状态记录卡》，并要交给司机，当《客车状态记录卡》交出后，第一时间将相应的车号牌撤下占线板。调车作业以"调车单"作为凭证，当将"调车单"交给司机后，第一时间或在调车作业结束后将车号牌摆放在最终需要到达的股道上。

（四）停/送电作业停电牌及接地线牌使用规定

接触网需要停电作业时，车场调度核对计划无误后应立即摆放停电牌及接地线牌至相应位置。当作业结束需要送电时，待该股道已撤接地线并送电完毕后车场调度方可将该停电牌及接地线牌取下。

（五）施工作业牌使用规定

施工作业时，施工作业人员在车场调度请点后，车场调度将占线板上施工作业牌放置在相应位置。施工作业结束，施工作业人员到DCC销点后，车场调度将占线板上的施工作业牌取下。

（六）铁鞋牌使用规定

当调车作业结束或其他情况需要铁鞋防护时，作业人员需向车场调度员汇报铁鞋使用情况及铁鞋号，车场调度接到报告后将铁鞋牌放置在列车车号牌的两边。

（七）施工相关防护牌的使用

施工相关防护牌视作业内容情况使用。

五、调车单填写规范

（1）股道填写方式以轨道名称为基础，如：6股道，填写为：L-6。
（2）填写连挂车辆作业时以"＋"表示连挂，如：机车6道连挂0102，填写为：L-6＋0102。
（3）填写解挂作业时以"－"表示解挂，如：机车6道解挂0102，填写为：L-6-0102。
（4）牵出线为"牵"加"股道号"表示，如：L-3和L-23，填写为：牵3和牵23。
（5）填写需要通过信号机折返作业时，填写进路开通方向括号加以需折返的信号机，如：牵23-牵3进路利用D21信号机折返作业时，填写为：牵3（D21）。
（6）填写平板车时用字母"P"表示，如：机车在6道连挂5个平板，填写为：L-6＋P5。
（7）列车行进的股道带有命名的要依次都写。

（8）列车到达试车线，如要试车。填写为：试车线（试）。

（9）列车到达库内 A\B 为股道后，直接加字母"A\B"便可。如：在 6 道 B 段，填写为：L-6B。

六、太平桥车辆段供电分区停电防护

具体内容见表 8-2。

表 8-2

供电分区	信号机防护	道岔防护
1D1	封闭 XJD2、D2 信号机	1#/2#道岔反位单锁
1D2	封闭 XJD1、D1 信号机	1#/2#道岔定位单锁 7#/8#道岔反位单锁
1D3	封闭 D24、D32、D40 信号机	21#、22#道岔反位单锁 40#道岔定位单锁
1D4	封闭 XJD2、D2、D3、D13、D14、D15 信号机	1#/2#、7#/8#道岔定位单锁 21#、22#道岔反位单锁
1D5	封闭 XJD1、D1、D12 信号机	1#/2#、7#/8#道岔定位单锁
1D6	封闭 D24、D32 信号机	33#道岔反位单锁 40#道岔定位单锁

七、巡段检查标准

（1）原则上白班巡场时间为 10：30—11：00 的时间段内，夜班巡场时间为 22：00—22：30 的时间段内。

（2）巡场要求。

① 运用组合库。

查看股道停留车，对发现股道停留车与占线板不符的，记录并更新占线板；查看各股道隔离开关工作状态；查看各股道是否有侵限物。

② 场区。

查看各施工部门施工情况，对违章施工、超出施工作业规定范围的要及时制止；查看接触网及线路情况是否有侵限物。

③ 当值车场调度员巡场完毕后，在《车场调度员交接班日志》台账上做好巡视记录。

八、回库列车库门打开组织工作

（1）由检修部按照车辆回段顺序，合理安排车辆停放股道并根据运营时刻表到段时间提前 5 min 开启库门。

（2）检修调度员将工班汇报的回段列车对应的库门开启情况告知车场调度员。

（3）车场调度员向信号楼值班员告知回段列车回库大门已开启。

（4）车场调度员要在每日17:00前与行调确定正线行车是否有车次调整，并根据行调的通知及时告知检修调度员，并做好收车顺序表。

（5）检修调度员将收车顺序表中相应部分填写完毕，立即反馈车场调度员并进行审核后发给信号楼值班员。

（6）信号楼值班员根据收车顺序表、接到回段列车所对应股道库门开启的通知以及在得到回段列车司机请求回库进路后，方可进行排列进路。

（7）列车回库后，检修人员应及时将库门关闭，并将库门关闭情况汇报检修调度员。

任务评价

根据以上学习内容，评价自己对本任务内容的掌握程度，在下表相应空格里打"√"。

评价内容	差（60%以下）	合格（60%~80%）	良好（80%~90%）	优秀（90%以上）
对车场调度员日常作业知识的掌握程度				
对相关规定的掌握程度				
学习中存在的问题或感悟				

模块训练

班组：　　　　　　　　姓名：　　　　　　　　训练时间：

任务训练单	车场调度员日常作业实操练习
任务目标	掌握车场调度员日常作业及注意事项
任务训练	训练项目：掌握车场调度员基础管理；车场调度员工作制度；正常情况下行车工作；占线板使用原则；调车单填写规范；太平桥车辆段供电分区停电防护示意图；巡段检查标准；回库列车库门打开后组织工作；司机手机管理；考勤管理；办理入住公寓；日常管理；离开办公地点要求

任务训练一：
（说明：总结相关知识，并在太平桥车辆段内进行实操训练或者上机完成实操训练）

任务训练二：
（说明：总结相关知识，并在太平桥车辆段内进行实操训练或者上机完成实操训练）

任务训练的其他说明或建议：

指导老师评语：

任务完成人签字：　　　　　　　　　　　　日期：　　年　　月　　日

指导老师签字：　　　　　　　　　　　　　日期：　　年　　月　　日

 模块小结

本节主要包括车场调度员作业知识，讲述了车场调度员基础管理；车场调度员工作制度；正常情况下行车工作；占线板使用原则；调车单填写规范；太平桥车辆段供电分区停电防护示意图；巡段检查标准；回库列车库门打开组织工作；司机手机管理等内容。

模块九　车场组信号楼值班员日常作业知识

案例导学

小安在车场调度员处实习，在实习期间，师傅要求小安了解信号楼值班员日常作业知识，小安很不解，认为自己是一名车场调度员，为什么要了解信号楼值班员的日常作业呢？师傅告诉小安，信号楼值班员和车场调度员有着紧密的联系和工作接口。信号楼值班员的工作需要车场调度员下达命令，如果不了解信号楼值班员的相关作业知识，如何保证下达的命令准确、安全、有效呢？小安恍然大悟，原来为了确保场调的工作安全有效地进行，一定要了解信号楼值班员的相关作业知识。

那么，小安应该了解哪些知识？并且如何打牢自己的基础呢？

学习目标

1. 了解信号楼值班员的基础管理。
2. 了解信号楼值班员的工作制度。
3. 了解信号楼值班员正常情况下的行车组织。
4. 了解信号楼值班员的手摇道岔作业流程。
5. 了解占线板的使用原则。
6. 了解调车单填写规范。
7. 了解太平桥车辆段供电分区停电防护示意表。
8. 了解段内钩锁器的日常管理。
9. 了解监视器日常巡检。

技能目标

1. 熟悉信号楼值班员的基础管理。
2. 熟悉信号楼值班员的工作制度。
3. 熟悉信号楼值班员正常情况下的行车组织。
4. 熟悉信号楼值班员的手摇道岔作业流程。
5. 熟悉占线板的使用原则。
6. 熟悉调车单填写规范。
7. 熟悉太平桥车辆段供电分区停电防护示意表。
8. 熟悉段内钩锁器日常管理。
9. 熟悉监视器日常巡检。

一、基础管理

（一）定置化规定

（1）为有效地达到定置化管理，信号楼控制室用房要求台账及办公用品实施定置化摆放。

（2）办公桌及台面应按划线区域定置摆放台账及办公用品。

（3）办公桌面从左到右应依次摆放 TYJL-II 显示屏、《信号楼交接班日志》、站间电话、《信号楼施工、停送电登记簿》《调度命令登记簿》《设备故障登记簿》、行车调度台、《外来人员登记簿》、办公电脑、打印机、太平桥车辆段监控设备、传真电话。

（4）信号楼控制室文件柜共有 3 组，分别用作钩锁器的存放、规章文本的存放、台账备品的存放、生产台账存根以及行车备品的存放。

（5）信号楼控制室卷柜的存放要按卷柜存放明细进行，按要求存放相应的钩锁器、规章制度文件、生产台账备品、归档台账、行车备品等。

（二）信号楼公示板运用

（1）信号楼工时板主要放置安全天数、信号楼值班员作业流程及重要文件公告信息。

（2）信号楼公示板文件的公示由信号楼后台值班员负责更新信息。

（三）行车备品

（1）信号楼控制室的行车备品管理，应由信号楼后台值班员的负责管理。

（2）每日交班前，当值信号楼值班员应认真确认行车备品数量及设备状态，设备异常或数量不对时及时上报。

（3）当值信号楼后台值班员负责信号楼控制室的行车备品的维护及使用，确保能正常使用。

（4）信号楼行车备品明细如表 9-1 所示。

表 9-1

名称	1号线800M手持台	3号线800M手持台	1号线400M对讲机	手电
数量	3	1	3	1
名称	信号旗	望远镜	荧光衣	
数量	3	1	3	

二、信号楼值班员工作制度

（一）岗位职责

（1）负责操作微机联锁设备，办理列车出/入太平桥车辆段接车进路、发车进路、调车进路、试车进路、洗车进路等各项行车作业。

（2）配合车场调度员组织数量足够、状态良好的电客车及工程车上线运行。

（3）合理运用太平桥车辆段内线路，充分利用"平行作业"，在确保安全的前提下提高太平桥车辆段运作效率。

（4）严格执行各项施工防护规定，确保施工作业安全。

（5）遇设备系统故障或救援等情况时，配合车场调度员完成相关行车组织工作，及时组织列车或救援列车顺利出入太平桥车辆段。

（6）不间断监视行车进路、段内列车运行、设备动态、施工作业情况等，认真执行行车联控制度。

（7）爱护设备，做好工器具维护、保管工作，确保设备、工器具良好及有效使用。

（8）负责场区监控，发现异常情况及时上报和处理。

（9）认真执行交接班制度，正确填写台账，做好各类数据统计工作。

（10）完成领导交办的其他工作。

（二）岗位分工

太平桥车辆段设前台和后台值班员，具体分工如下。

（1）后台值班员是信号楼控制室安全工作的第一负责人，主要负责与车场调度员及其他相关部门的接口协调工作。主要的办公设备有调度录音台、办公电脑、办公电话（分机）、打印机、车辆段视频监控、ATS 监控、广播控制盒、道口栏杆控制器、太平桥车辆段占线板。主要办公台账有《收发车计划表》《信号楼施工/停电登记簿》《调车作业单》《调度命令登记簿》《设备故障登记簿》《车辆段视频监控巡视表》《信号楼值班室进出人员登记簿》《行车备品借用登记簿》。

（2）前台值班员主要负责联锁设备的操作工作，每月 1 次（月中 15 号）对轨行区钩锁器箱的巡视工作，施工作业时与施工防护员的联控工作，以及特殊情况下的现场人工操作道岔和信号楼控制室内相关行车设备的看管与保养工作。主要的办公设备有 TYJL-II 计算机联锁、TD8 单元控制台、站间直通录音电话（两部）、办公电话（主机）备品工器具存放柜，主要的办公台账有《太平桥车辆段信号楼值班员交接班日志》《太平桥车辆段道岔除雪记录表》。

（三）信号楼值班员工作接口

1. 与行调接口

接收行调命令，按行调发布的调度命令执行工作。

其他与行调需要沟通的工作事宜。

2. 与车场调度员接口

接收车场调度员下达的各项作业计划，配合车场调度员完成本日工作内容，并且在发生突发情况时应及时向车场调度员汇报，配合车场调度员处理突发情况。

3. 与施工防护人员接口

施工过程中与防护人员联控，及时向防护员传达场内最新行车状况及道岔操作情况，监控施工人员操作场内联锁设备，确保场内施工作业安全、顺利地完成。

4. 与司机接口

行车过程中，与司机联控。向司机传达信号、进路开放情况及运行途中的注意事项，时刻与司机保持联控，确保行车安全。

5. 与车站行车值班员接口

采用电话联系法行车时，信号楼值班员按照《电话联系法行车规定》的相关规定执行。

（四）信号楼值班员工作安排

（1）信号楼值班员岗位倒班方式采用四班二运转制，白班8：00－17：30，晚班17：00－次日8：30。

（2）信号楼值班员接班前应进行工作交接，交班值班员应主动介绍本班工作情况及下班工作计划，交接完毕后接班值班员在《太平桥车辆段信号楼值班员交接班日志》上盖章视为接班上岗。交接班人员应执行"五清五不交"的标准，具体内容如下。

① "五清"。

a. 列车运行计划清。

b. 段内停留车位置、防溜措施清。

c. 各项施工作业计划清。

d. 各种行车备品清。

e. 有关命令、注意事项清。

① "五不交"。

a. 不在规定地点、着装不规范不交。

b. 接车时，列车自转换轨停稳开放入段信号至列车进段停妥前不交。

c. 发车时，自待发列车的出段信号开放或交付行车凭证至列车转换轨停稳前不交。

d. 调车作业一批未完不交（必须交班时，应重新传达计划）。

e. 备品不清，卫生不达标不交。

③ 当班期间根据施工检修内容、停送电情况，做好登记和施工防护的施加和撤除工作，并监督停电区域的作业情况。

④ 根据车场调度员下发的调车、调试计划组织段内行车作业。

⑤ 收发车作业前测试手台，收发车进路道岔，联锁系统是否正常，根据车场调度员下发的《收发车计划表》与司机联控办理收发车作业。

⑥ 对场区进行实时监控，在视频监控范围内发现可疑人员和事件要及时报车场调度员处理。

⑦ 根据工作需要，填写相关作业台账，规范管理各类文件。

⑧ 当班期间接收并学习下发的各类文件，做好签字记录工作。

⑨ 交班前打扫工作场所卫生。

三、正常情况下行车工作

(一) 发 车

1. 发车工作流程

工作流程如图9-1所示。

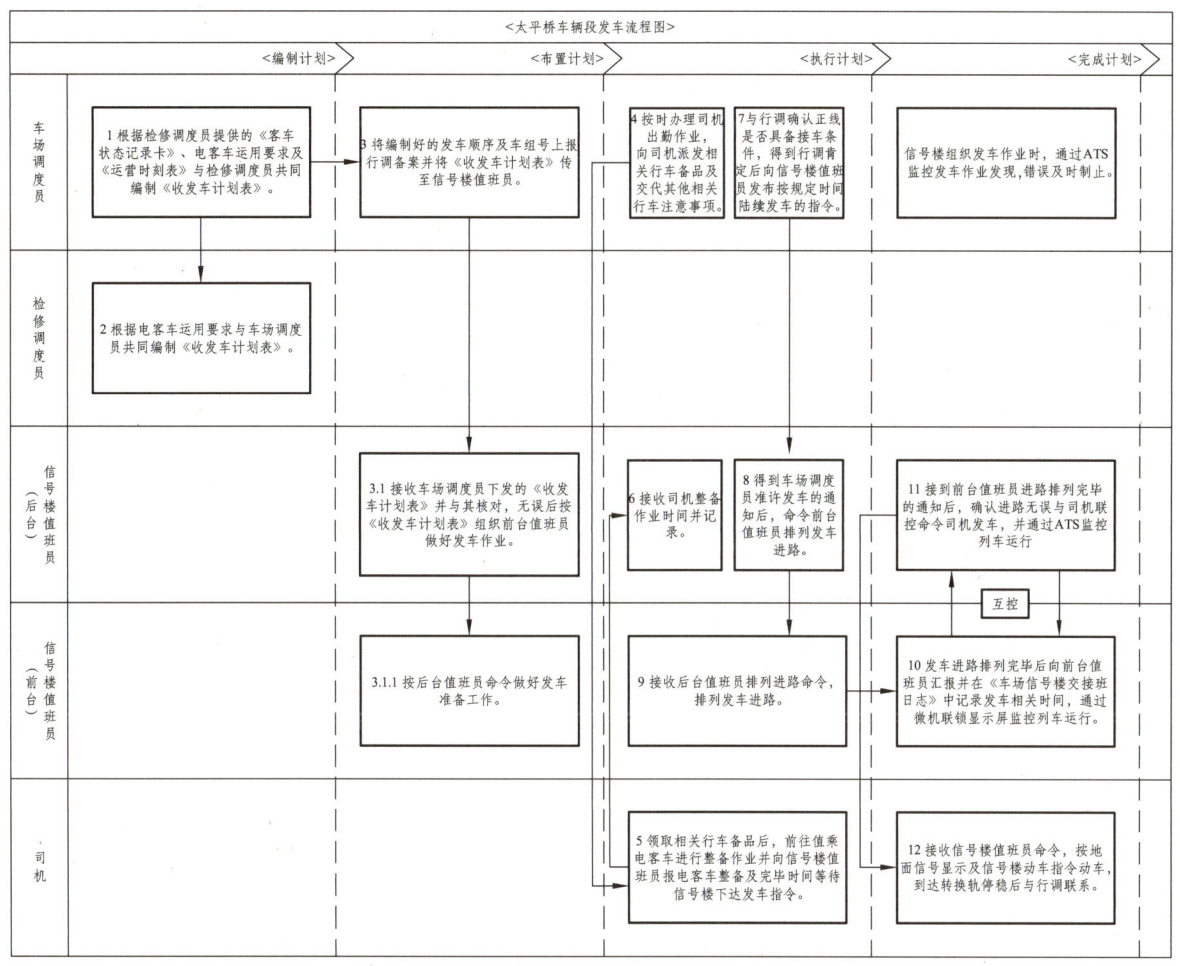

图9-1 发车工作流程图

2. 发车流程说明

(1) 发车作业保障说明。

① 信号楼值班员在规定发车时间前1 h对段内发车进路上的道岔进行转换操作,查看道岔工作状态是否良好,发车规定时间前30 min停止办理调车及施工作业。

② 信号楼值班员应及时提醒和询问司机列车整备作业情况,若信号楼值班员在每列车正点发车前10 min还未收到司机整备完毕的通知时,信号楼值班员应立即与该车司机联系,问明现场情况,如不能在5 min内整备完毕,应立即将现场情况向车场调度员进行汇报。

(2) 排列进路说明。

① 司机汇报开始整备完毕后,应根据出段次序、进路运用状况,及时开放列车出段信号。

② 正常出段时,首先查看照查电路是否正常,然后排列出段进路。

③ 电客车出段凭出段信号机的黄色灯光（特殊情况时，凭调车信号白灯）和信号楼值班员的口头命令动车。

（二）接　车

1. 接车工作流程

工作流程如图 9-2 所示。

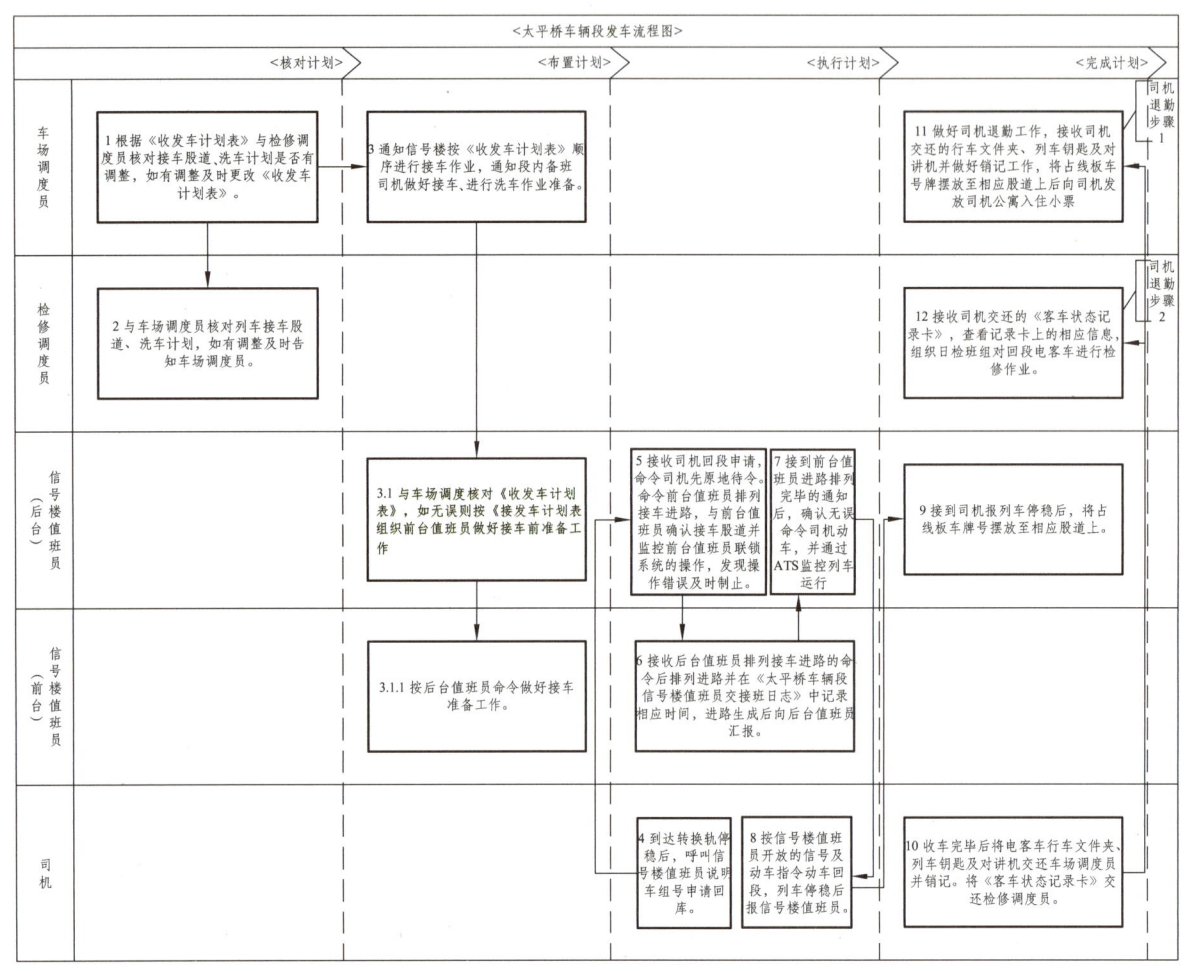

图 9-2　接车工作流程图

2. 接车作业保障说明

（1）根据《收发车计划表》与车场调度员核对回段电客车车次是否有调整。

（2）与车场调度员核对回段电客车洗车计划是否有调整。

（3）信号楼值班员在规定接车时间前 1 h 对段内接车进路的道岔进行转换操作，查看道岔工作状态是否良好，接车规定时间前 30 min 停止办理调车及施工作业。

3. 排列进路说明

（1）电客车进段时，必须在 XJD1 或 XJD2 信号机前一度停车，司机用无线手持台与信号楼值班员联系确认接车股道及注意事项后，按信号机显示和信号楼值班员命令动车。

（2）在运用库6~17道办理列车接车作业时，接车线A段必须空闲；在18~20道办理接车作业时，整条接车的股道必须空闲。

（三）调　车

1. 调车工作流程

工作流程如图9-3所示。

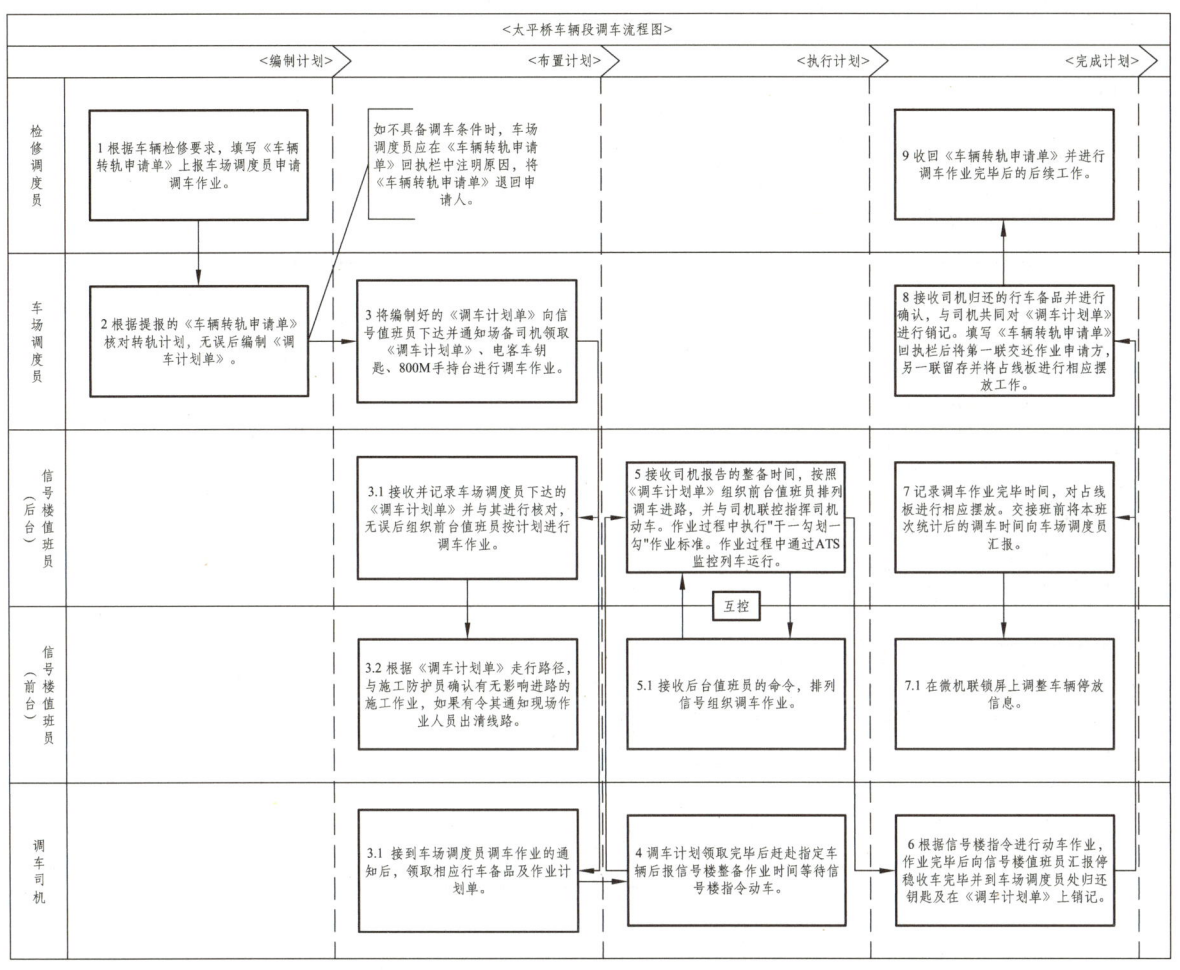

图9-3　调车工作流程图

2. 调车流程说明

调车计划传达的说明如下。

（1）信号楼值班员接收到车场调度员调车计划通知后，抄收调车作业计划并复诵核对。

（2）变更作业计划必须停车传达，确认有关人员复诵清楚，须下达书面调车作业计划。

3. 排列进路说明

（1）信号楼值班员根据调车作业计划单和现场作业情况正确、及时地排列调车进路开放调车信号，严格执行"干一勾划一勾"的作业标准。

（2）全程监控机车、车辆的移动轨迹，发现异常及时通知司机停车。

（3）调车作业时原则上只能利用牵出线进行折返作业。

（4）调车作业时信号楼值班员应排列完整的长进路，如特殊情况需排列短进路时，信号楼值班员必须在作业前或动车前通知司机（调车员），司机（调车员）应加强确认进路和信号，严格控制速度。

（5）压信号调车时不得改变原进路（包括已解锁）的任何道岔位置。

（6）在轨道电路分路不良区段调车作业时，除严格监控控制台或显示屏的占用表示外还必须得到司机（调车员）已过信号机（道岔）停妥的汇报后，方可排列下一勾进路。

（四）调 试

1. 调试工作流程

工作流程如图 9-4 所示。

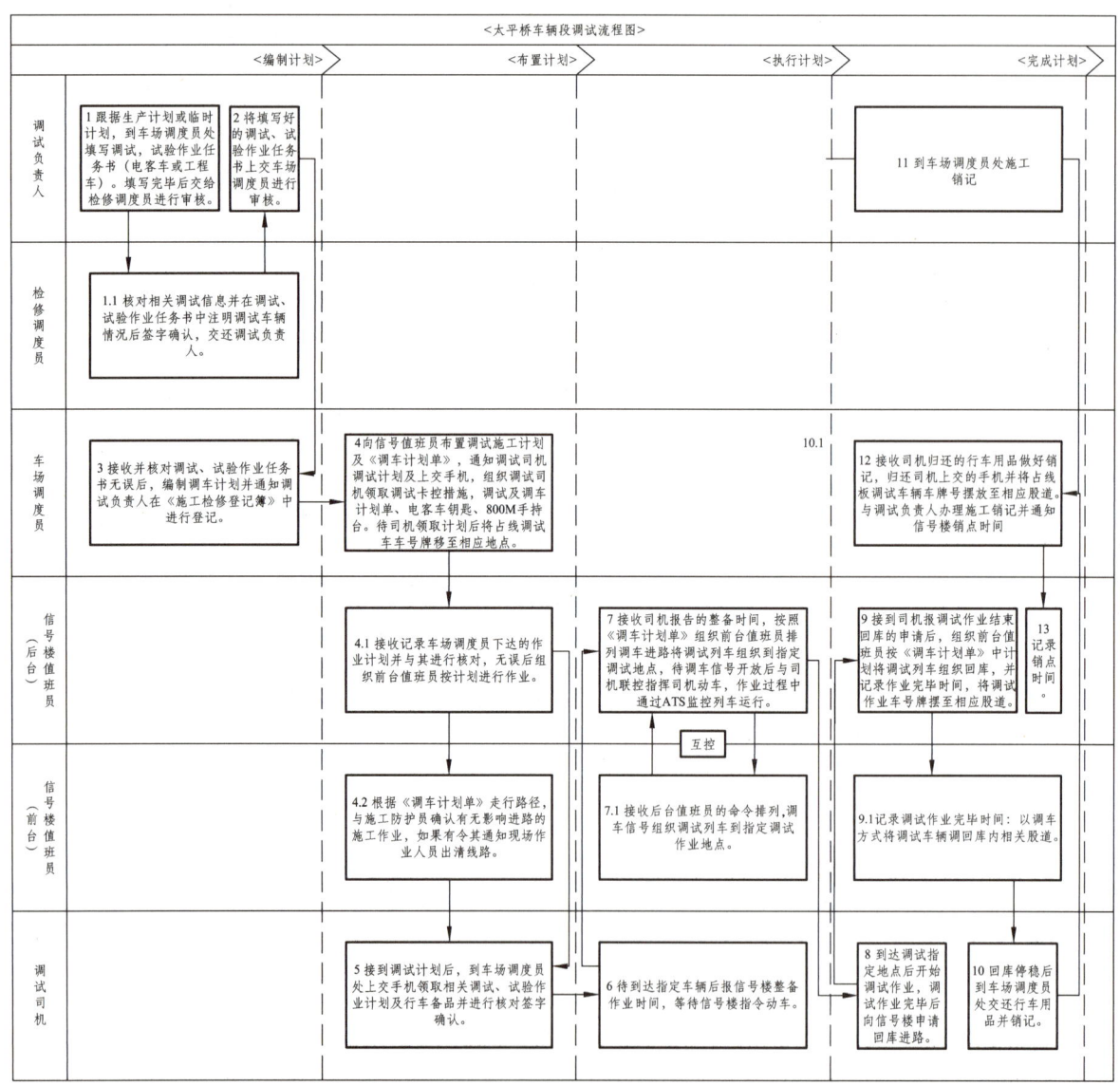

图 9-4 调试工作流程图

2. 正线、试车线调试作业办理说明

（1）正线。

信号楼值班员根据车场调度员命令及正线调试计划规定时间、要求，将调试电客车发至正线进行调试作业。

（2）试车线。

试车线开始调试前，信号楼值班员以调车模式将调试车辆调至试车线 T1G，待得到司机已在试车线 T1G 停稳申请调试进路的通知后，信号楼值班员方可排列试车线调试进路命令司机进行调试作业。调试作业完毕后，司机驾驶调试车辆在试车线 T1G 停稳后向信号楼值班员汇报调试作业结束并申请回库，信号楼值班员接到调试司机的申请必须确认调试车辆整列停在 T1G 后，才能取消试车线调试信号，以调车模式组织调试车辆从试车线回库。

（五）施工/检修

1. 施工/检修作业流程

作业流程如图 9-5 所示。

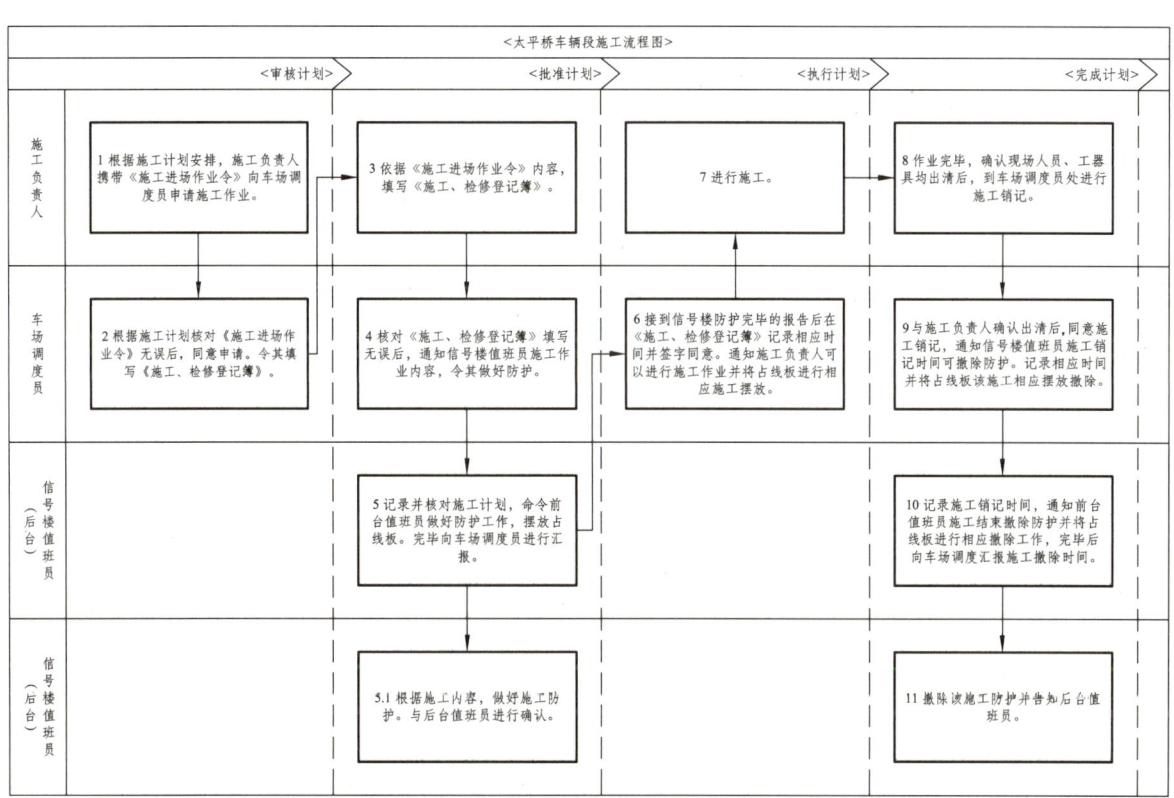

图 9-5　施工/检修工作流程图

2. 施工检修作业安全防护说明

（1）在线路上施工/检修作业时，应将两端道岔开通邻线位置并加锁，同时将作业两端信号机进行封闭。

（2）在道岔上施工/检修，应将进入作业地点的进路连接道岔开通邻线并加锁，同时将作业道岔进行封闭。

（3）信号、线路维修人员对信号设备、轨道线路进行日常检修时，除现场需设置防护外，还应有专职施工防护员在信号楼值班室加强与现场的联系并通报行车情况。

（4）接触网日常巡检不需停电时，接触网工班应有专职施工防护员在信号楼值班室加强与现场联系通报行车情况（接触网停电施工设封锁区域的，不需在信号楼值班室设置防护员）。

（5）根据施工情况，在占线板上揭挂表示牌。

（六）接触网大面积停/送电作业

1. 接触网大面积停/送电流程

作业流程如图9-6所示。

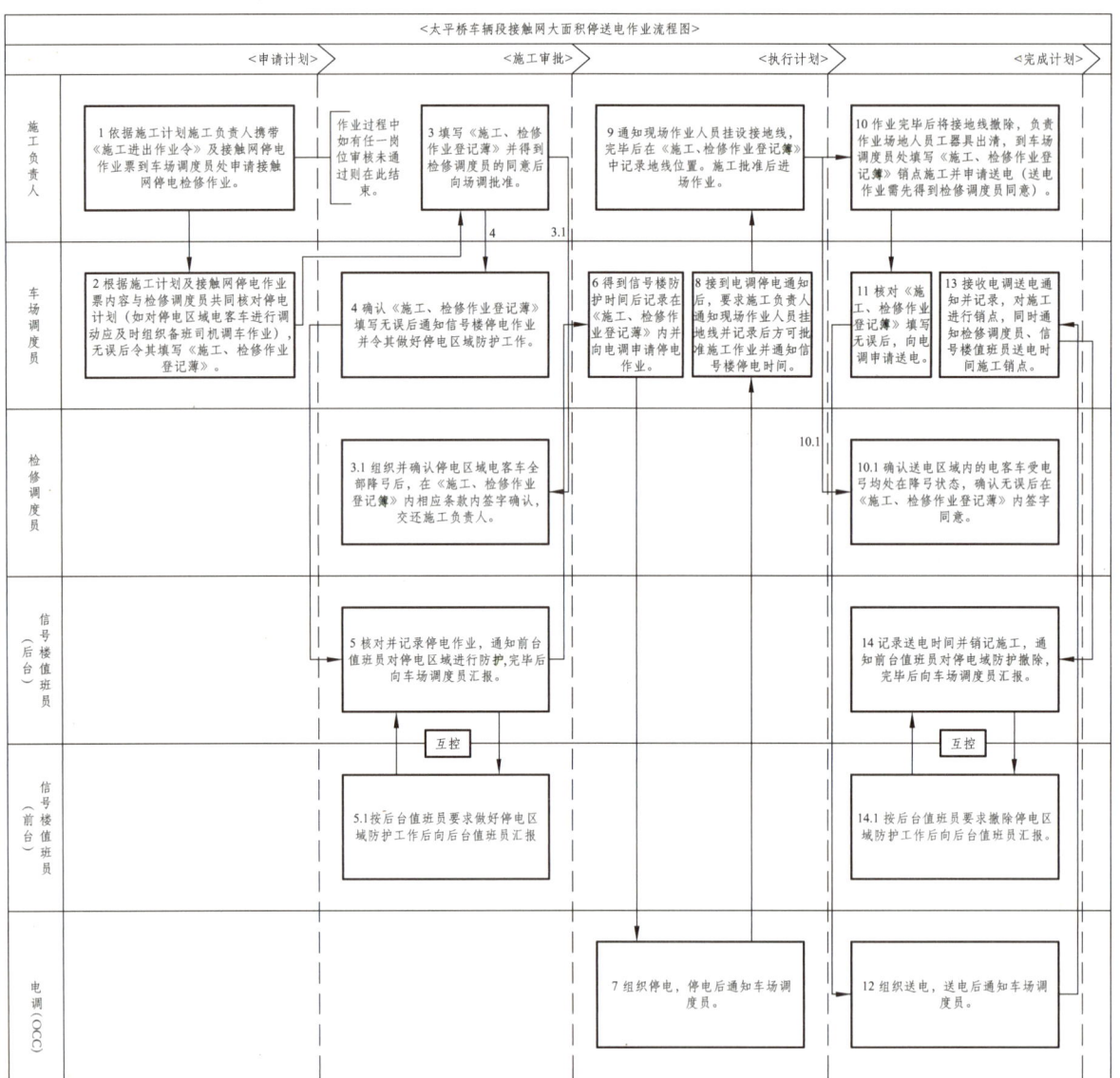

图9-6 接触网大面积停/送电作业流程图

2. 停电说明

（1）得到车场调度员做好停电防护通知后，信号楼值班员应及时做好防护并记录防护时间和内容，然后通知车场调度员场内停电区域已做好防护工作。

（2）得到车场调度员停电通知后，记录停电时间。

（3）车场内有停电作业时，信号楼值班员密切关注微机联锁中停电区域和防护内容，时刻做好进路预想，停电区域严禁排列电客车进入。

（4）工程车进入无电区域作业时，信号楼值班员应严格注意防护区段和相关进路，可能造成人身和车辆伤害时立即命令司机停车。

3. 送电说明

得到设调（操作）、车场调度员送电通知后，信号楼值班员撤销防护并记录送电时间。

（七）接触网单股道停/送电作业

1. 接触网单股道停/送电作业流程

作业流程如图 9-7 所示。

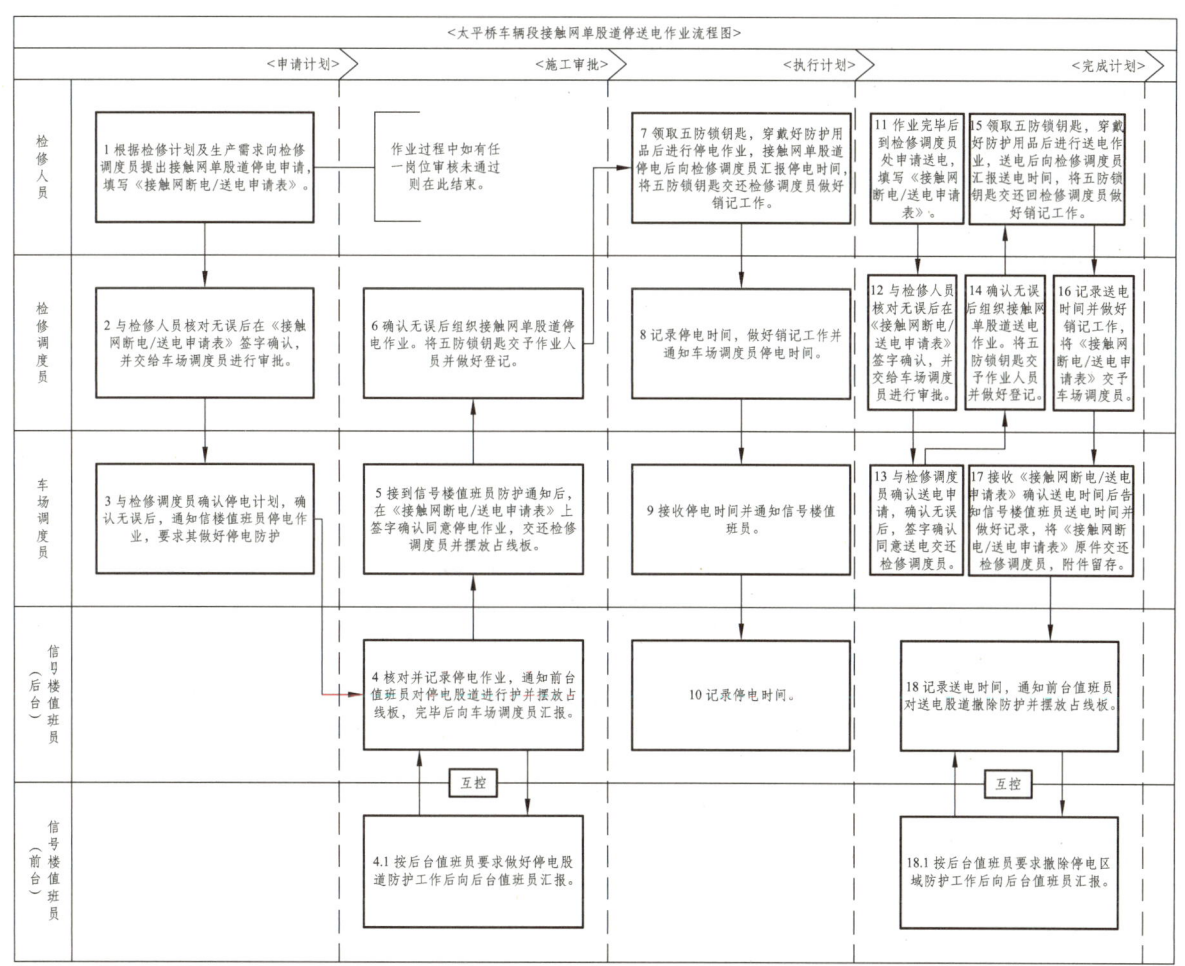

图 9-7 接触网单股道停/送电作业流程图

2. 停电说明

（1）得到车场调度员做好停电防护的通知后，信号楼值班员应及时做好防护并记录防护时间和内容，然后通知车场调度员已做好停电防护工作。

（2）得到车场调度员停电通知后，记录停电时间。

（3）车场内有单股道停电作业时，信号楼值班员密切关注微机联锁中停电股道和防护内容，时刻做好进路预想，停电股道严禁排列电客车进入。

3. 送电说明

得到车场调度员送电通知后，信号楼值班员撤销防护并记录送电时间。

四、手摇道岔作业流程

（一）人员前期准备

信号楼值班员接到手摇道岔排列进路的通知后，前台值班员应立即查看检验"手摇道岔应急包"，待通号部现场配合人员及检修部手摇道岔应急小组人员到位后前往现场排列进路，后台值班员负责向前台值班员布置进路道岔操作指令，前台值班员负责现场协调组织作业。

（二）手摇道岔应急包

手摇道岔应急包包含：荧光衣1件、钩锁器配套扳手1个、钩锁器存放柜钥匙、机械锁钥匙1把、信号旗3副（红旗、绿旗、黄旗）、800M手持台保护套1个、线手套1副。

（三）作业流程

作业流程如表9-2所示。

表9-2　后台值班员负责布置作业，前台值班员负责现场办理，通号部负责配合作业

序号	作业步骤	作业项点	作业要求	图例
1	布置作业（后台值班员）	根据实际作业情况布置调车/列车进路道岔号	后台值班员通过《手摇道岔排列现场组织确认表》（此表分列车进路与调车进路两种，见相关附表）向前台值班员布置操作道岔号及位置要求	扫描二维码查看大图

续表

序号	作业步骤	作业项点	作业要求	图例
2	到达现场（前台值班员）	确认道岔号	通过现场道岔表示牌对道岔号确认无误并通过800M对讲机向后台值班员汇报及接收指令	
3	发布指令（后台值班员）	向前台值班员发布道岔操作位置	通过《手摇道岔排列现场组织确认表》向前台值班员布置操作道岔号及位置要求	扫描二维码查看大图
4	确认线路及道岔状态（前台值班员）	确认线路有无影响行车的障碍物	通过现场确认道岔线路中间、基本轨与尖轨分离处有无影响行车的障碍物，如有应将障碍物清除保障行车安全	
5	确认道岔位置（前台值班员）	确认道岔定/反位置	通过现场设备标示确认道岔开通位置：设备标示箭头指向方向为定位；反之为反位（参照物为与设备标示一侧的尖轨）	

续表

序号	作业步骤	作业项点	作业要求	图例
6	操作道岔（前台值班员）	撤下转辙机保护盖	撤下的保护盖不得侵入线路限界	
		将堵孔板机械锁打开	使用机械钥匙打开	
		打开堵孔板	将堵孔板打开，露出手摇把孔	
		手摇道岔	将手摇把插进手摇把孔内，按所需开通位置进行手摇操作，直至听到道岔落锁"咔"的声音为止	

续表

序号	作业步骤	作业项点	作业要求	图例
7	确认道岔状态（前台值班员）	确认道岔尖轨与基本轨是否密贴	道岔与基本轨应处在密贴位置	尖轨与基本轨处在密贴状态
8	加锁（前台值班员）	钩锁器加锁	使用钩锁器将道岔进行加锁（要求脚踢不晃），加锁位置在道岔连接杆后侧并用机械锁进行锁闭	使用钩锁器将道岔进行加锁（要求脚踢不晃），加锁位置在道岔连接杆后侧并用机械锁进行锁闭；道岔连接杆
9	汇报（前台值班员）	汇报道岔作业完毕	使用800M对讲机向后台值班员汇报该道岔作业完毕	
10	填表（后台值班员）	《手摇道岔现场组织确认表》	接收前台值班员汇报现场手摇道岔作业完毕的通知，确认无误后在相应开通进路道岔位置方框内打勾	扫描二维码查看大图
11	发布动车指令（后台值班员）	再次确认《手摇道岔现场组织确认表》该股道准备正确后，发布动车指令	使用调度录音电台命令司机动车（通信设备故障时，由前台值班员使用信号旗显示动车信号）	

（四）"信号旗使用说明"及"手摇道岔作业联控用语"

见相关附录内容。

五、占线板的使用原则

（一）接车作业车号牌使用规定

电客车司机报停稳收车后，信号楼值班员再将车号牌摆放在相应的股道上。

（二）发车作业车号牌使用规定

发车信号开放后，信号楼值班员需将车号牌摆放至相应位置上。

（三）调车作业车号牌使用规定

调车、调试作业以"调车单"作为凭证，调车作业结束后，将车号牌摆放在最终需要到达的股道上。

（四）调试作业车号牌使用规定

调试作业以"调车单"作为凭证，接到调车单后第一时间将车号牌摆放在调试相应股道上，待调试作业结束再将车号牌撤回，摆放至调车单指定停放的股道上。

（五）停/送电作业停电牌及接地线牌使用规定

接触网停电作业时，以车场调度员通知做好停电防护为凭证，接到停电防护通知后，第一时间将接触网停电的相关标示牌摆至相应地点。

接触网送电作业时，以车场调度员通知送电时间为凭证，待接到接触网送电时间的通知后，方可将接触网停电标示牌撤回。

（六）施工作业牌使用规定

施工作业时，以车场调度员通知登记施工作业为凭证，待登记完施工作业后，按作业实际需求摆放施工标示牌。是否撤回要依据车场调度员是否通知该施工作业销点作为凭证。

（七）铁鞋牌使用规定

当调车作业结束后或其他情况需要铁鞋防护时，根据实际铁鞋使用情况摆放。

六、调车单填写规范

（1）股道填写方式以轨道名称为基础，如：6 股道应填写为：L-6。

（2）填写连挂车辆作业时以"+"表示连挂，如：机车 6 道连挂 0102 应填写为：L-6＋0102。

（3）填写解挂作业时以"－"表示解挂，如：机车 6 道解挂 0102 应填写为：L-6-0102。

（4）牵出线为"牵"加"股道号"表示，如：L-3 和 L-23 应填写为：牵 3 和牵 23。

（5）填写需要通过信号机折返作业时，填写进路开通方向括号加以需折返的信号机，如：牵 23-牵 3 进路利用 D21 信号机折返作业时应填写为：牵 3（D21）。

（6）填写平板车时用字母"P"表示，如：机车在 6 道连挂 5 个平板应填写为：L-6＋P5。

（7）列车行进的股道带有命名的依次都写。

（8）列车到达试车线，如要试车应填写为：试车线（试）。

（9）列车到达库内 A\B 为股道后，直接加字母"A\B"便可。如：在 6 道 B 段应填写为：L-6B。

七、太平桥车辆段供电分区停电防护示意表

如表 9-3 所示。

表 9-3

供电分区	信号机防护	道岔防护
1D1	封闭 XJD2、D2 信号机	1#/2#道岔反位单锁
1D2	封闭 XJD1、D1 信号机	1#/2#道岔定位单锁 7#/8#道岔反位单锁
1D3	封闭 D24、D32、D40 信号机	21#、22#道岔反位单锁 40#道岔定位单锁
1D4	封闭 XJD2、D2、D3、D13、D14、D15 信号机	1#/2#、7#/8#道岔定位单锁 21#、22#道岔反位单锁
1D5	封闭 XJD1、D1、D12 信号机	1#/2#、7#/8#道岔定位单锁
1D6	封闭 D24、D32 信号机	33#道岔反位单锁 40#道岔定位单锁

八、段内钩锁器日常管理

（1）太平桥车辆段场区内共由 5 组钩锁器箱组成，1 号箱分布在 14 号道岔区域，2 号箱分布在 15 号道岔区域，3 号箱分布在 19 号道岔区域，4 号箱分布在 27 号道岔区域，5 号箱分布在 35 号道岔区域。

（2）信号楼前台值班员每月 15 号需对场区所有的钩锁箱进行一次巡检，对钩锁箱内的钩锁器、

钩锁器扳手、锁器锁钥匙等设备进行数量核对及设备维护。

（3）每次钩锁箱巡视过程中，巡视人员应对钩锁箱内张贴的巡视表进行填写，做好巡视记录。

（4）太平桥车辆段钩锁箱分布及设备存放情况详见相关附表。

九、监视器日常巡检

（1）每日后台信号楼值班员需对监视器设备巡检一次，查看各个监控探头画面是否清晰，确认设备是否良好。

（2）场区动车或有施工任务时，可通过监控器查看人员出清情况，发现异常时及时采取措施。

（3）每日后台信号楼值班员需对《车辆段日常监控巡查表》做好记录。

任务评价

根据以上学习内容，评价自己对本任务内容的掌握程度，在下表相应空格里打"√"。

评价内容	差 （60%以下）	合格 （60%~80%）	良好 （80%~90%）	优秀 （90%以上）
对信号楼值班员日常作业知识的掌握程度				
对相关规定掌握程度				
学习中存在的问题或感悟				

模块训练

班组：　　　　　　　　姓名：　　　　　　　　训练时间：

任务训练单	信号楼值班员作业知识实操练习
任务目标	掌握信号楼值班员作业知识及注意事项
任务训练	训练项目：掌握信号楼值班员的基础管理；信号楼值班员的工作制度；信号楼值班员正常情况下的行车组织；信号楼值班员的手摇道岔作业流程；占线板的使用原则；调车单填写规范；太平桥车辆段供电分区停电防护示意表；段内钩锁器日常管理；监视器日常巡检
任务训练一： （说明：总结相关知识，并在太平桥车辆段内进行实操训练或者上机完成实操训练）	
任务训练二： （说明：总结相关知识，并在太平桥车辆段内进行实操训练或者上机完成实操训练）	
任务训练的其他说明或建议：	
指导老师评语：	
任务完成人签字：　　　　　　　　　　　　日期：　　年　　月　　日 指导老师签字：　　　　　　　　　　　　日期：　　年　　月　　日	

模块小结

本节主要包括信号楼值班员作业知识，讲述了信号楼值班员的日常工作及相关规定。要掌握这些，首先要掌握信号楼值班员的基础管理；信号楼值班员的工作制度；信号楼值班员正常情况下的行车组织；信号楼值班员的手摇道岔作业流程；占线板的使用原则；调车单填写规范；太平桥车辆段供电分区停电防护示意表；段内钩锁器日常管理；监视器日常巡检等内容。

模块十　车场组调度岗位上岗测试题

一、填空题

1. 当太平桥车辆段微机联锁系统正常时，列车出太平桥车辆段，列车占用转换轨的凭证为出段信号机的（　　）；列车入太平桥车辆段时，列车占用转换轨的凭证为相邻车站的信号机黄色灯光。

2. XJD1、XJD2 进段信号机为界限；入段线的 S1611 至 XJD1 信号机间线路为转换轨 I 道（　　）；出段线的 X1515 至 XJD2 信号机间线路为转换轨 II 道（　　）。

3. 牵出线、洗车线、走行线（　　）、试车线、咽喉道岔区，禁止存放机车车辆，其他线路存放车辆时，应经车场调度员同意后方可占用。

4. 机车车辆必须停在线路信号机、库门或者（　　）内方。

5. 太平桥车辆段入段线全长 1 069 m，最大坡度为 30‰，最小曲线半径为（　　）。

6. 太平桥车辆段出段线全长 1 040 m，最大坡度为 30‰，最小曲线半径为（　　）。

7. （　　）表示白色灯光左右摇动后，从左下方向右上方高举。

8. 电客车在试车线以 NRM 模式调试最高运行速度为（　　）km/h，雨天、雪天、雾天、夜间的调试最高运行速度为（　　）km/h。进行高于 40 km/h 的 NRM 模式调试时须安排在昼间进行。

9. 调车作业计划变更必须（　　）传达，确认有关人员复诵清楚，超过（　　）时须下达书面调车作业计划。

10. 擅自取消施工作业是在作业开始前（　　）h 未向指挥中心或主办部门、主配合部门提出取消，又未按安排时间进行作业。

11. TD-8 单元控制台轨道区段光带颜色显示（　　）表示进路在锁闭状态，或者接通光带。

12. TD-8 单元控制台轨道区段光带颜色显示（　　）表示轨道区段有车占用，或故障。

13. TYJL-II 型联锁系统中引导信号开放后，可按压"（　　）"按钮，再按压该信号按钮，按要求输入口令，关闭该引导信号，引导进路自动解锁。

14. 工程车调动整列电客车转线作业时，原则上利用（　　）办理，如遇特殊情况利用转换轨转线时，必须经行车调度员与车场调度员共同确认并同意后方可利用转换轨转线。

15. 区段故障解只对（　　）区段有效。办理区段故障解锁须确认该区段确实没有车占用，并且该区段所在进路的（　　）均已解锁。

16. 调车信号机开放后须要取消时，信号楼值班员应通知司机或调车员，并得到应答确认列车（　　）或未动车后，方可关闭开放的信号机。

17. TD-8 单元控制台办理道岔单封,先按压"(　　)"按钮不放,再按压该道岔的道岔按钮,该道岔按钮会点亮(　　)。

18. 开机或人工切换时,出现全场锁闭,只有此时才可以点压"(　　)"按钮解锁,其他任何时候均不可以按压此按钮。

19. 信号楼在调车作业开始后,应在《调车作业计划单》上(　　),以防止造成计划混乱。

20. 横过车辆段及地面轨道线路时,应"(　　)"。

21. 禁止在(　　)、枕木上和车辆下部休息。

22. 六道:左臂向左下方,右臂向右下方各斜(　　)°角。

23. (　　)两臂左右平伸。

24. 试车线尽头及材料线、平板车线尽头设置阻拦信号机,固定显示(　　),禁止机车车辆越过该信号机。

25. 车场调车作业(　　)手信号昼间显示方式:拢起的黄色信号旗高举头上左右摇动;夜间显示方式:白色灯光高举头上。

26. 显示手信号时,凡昼间持有手信号旗的人员,应将信号旗(　　),左手持红旗,右手持绿旗。

27. 接发列车应灵活运用股道,做到不间断接车,正点发车,减少转线作业,备用车应停放在停车列检线(　　)段,保持升弓状态,随时准备出太平桥车辆段。

28. (　　)道为洗车作业,(　　)道为镟轮作业用。

29. 太平桥车辆段段内限速(　　)km/h,库内限速(　　)km/h。

30. 列车回段需洗车作业时应在洗车库门前一度停车,司机在库门开启和值班员通知后以(　　)km/h 速度进行洗车。

31. 在尽头线调车时,距车挡应有(　　)m 的安全距离。

32. (　　):红色灯光,无红色灯光时,用白色灯光上下急剧摇动。

33. (　　):白色灯光向列车方面上弧圈作圆作转动。

34. (　　)夜间:白色灯光左右小摇动。

35. 电客车回库后,司机将(　　)、方孔钥匙、列车主控钥匙交到车场调度处。

36. 太平桥车辆段线路轨距为(　　)mm,钢轨型号除试车线为 60 kg/m,(　　)号道岔外。其余均为 50 kg/m,(　　)号道岔。

37. 入段线 D1602 岔心至 XJD1 距离为(　　)m;出段线 D1503 岔心至 XJD2 距离为(　　)m。

38. 段内线路按作业目的、功能可分为:(　　)。

39. 车辆段内(　　)号道岔均采用 ZD6-D 型直流转辙机,试车线上(　　)号道岔采用与 1 号线一致的 ZDJ9 型三相交流电动转辙机。

40. 入段信号机采用(　　)显示。

41. 信号机按作业目的可分为:(　　)。

42. 试车线 T1G-T7G 区段采用日本 AFTC 数字轨道电路,其设备设于试车线信号设备室,复示至(　　)。

43. 车辆段内信号联锁轨道电路采用(　　)Hz 单轨条相敏轨道电路。

44. 接触网导线距轨面的标准距离：地下线（　　　）mm；出/入段线（　　　）mm；车辆段场区线路（　　　）mm。接触网与车辆装载货物的距离不少于（　　　）mm。

45. 车辆段供电分区为：（　　　　　　　　　）。

46. 车辆段配备工程车（　　）台、接触网检修辅助作业车（　　　）台。

47. 车辆段行车工作由场调（　　　　　），信号楼值班员负责办理接发列车，排列列车进路和调车作业进路控制，行车人员及相关岗位应严格执行《行车组织规则》和本规则的有关规定。

48. 空电客车、工程车、调试列车、救援列车进出太平桥车辆段按（　　　）办理。

49. 电客车回车辆段后需进行洗车作业时，无特殊原因可直接接入 L-（　　　）道洗车线。

50. 现场排列进路方式按来车方向（　　　）一次办理，办理完毕后反方向进行确认。

51. 段内调车时，必须待列车（　　　）后，再命令司机动车；

52. 禁止在（　　　）与司机联控，命令动车。

53. 压岔折返作业时，须经（　　　）同意，信号楼值班员才可操作。

54. 信号楼值班员办理单操道岔排列进路作业时，应依次操作道岔，并利用（　　　）功能，确认进路光带接通后，再命令司机动车。

55. 太平桥车辆段内设运用组合库、检修组合库、内燃调机及特种车库，均为（　　　）车库。

56. （　　　）指在哈尔滨地铁集团运营公司所辖范围内允许进行施工的一种凭证。

57. 工程列车及调试列车作业时，车站原则上须在作业区域两端及防护区域对应的轨道中央放置（　　　）。

58. 哈尔滨地铁 1 号线划分（　　　　　　　　）四个联锁区，

59. 场调在首列电客车出段/场前至少（　　　）按运营时刻表的计划提供当日合格上线运行的电客车车组号（　　　　）。

60. 每天运营开始前和结束后,（　　　）按运营时刻表的要求及时组织列车出入车辆段/停车场。

61. 备用电客车必须处于随发状态，原则上停放在车辆段/停车场内或（　　　）。

62. 工程列车作业完毕，原则上在首列电客车出段/场前（　　　）min 回到车辆段/停车场。

63. （　　　　　）负责操作微机联锁设备，办理列车出/入太平桥车辆段接车进路、发车进路、调车进路、试车进路、洗车进路等各项行车作业。

64. 太平桥车辆段电话记录号码以自然数顺序由（　　　）计数，自每日 0 时起至 24 时止。

65. （　　　）按照行车及施工计划组织开展各项工作，实时掌握车场内股道、车辆运行、施工/检修、停送电等情况，与信号楼值班员紧密沟通。

66. 司机检车发现故障时立即先自行处理，若处理不了时立即报告（　　　），说明故障问题。

67. 若是在每列车正点发车前（　　　）min 信号楼值班员还未收到司机整备完毕通知，信号楼值班员马上通知车场调度请求换车，车场调度有权决定立即换车，并通知司机保持待命，准备发出热备列车，保证每列车按时出段。

68. 车场调度接到行调发出的开行救援列车或备用电客车命令时，应与行调落实开行（　　　）。

69. （　　　）加强对段内的道岔工作状态的监控，任何人若发现设备故障立即报车场调度，车场调度通知设调（　　　）组织维修并跟踪维修结果。

70. 原则上备用车（　　　　）除值乘司机外，不得有任何其他作业人员私自登乘作业，如必须登乘时，车场调度需向行调征得同意后方可允许其他作业人员登乘备用车并需组织值乘司机陪同。

71. 段内调车工作由场调（　　　　），调车作业人员应按本标准和调车作业计划单执行。

72. 变更作业计划时必须停车传达，确认有关人员复诵清楚，超过（　　　　）时须下达书面调车作业计划。

73. 太平桥车辆段内作业应优先（　　　　），按规定时间停止影响接发车作业的调车作业。

74. 太平桥车辆段内进行调车作业时，不得越过（　　　　）信号机占用转换轨。

75. 进入车辆段/停车场内线路及影响车辆段/停车场内行车的施工须经（　　　　）同意。

76. 进入正线、辅助线及影响正线行车的施工须经（　　　　）同意。

77. 运营时间的设备抢修及非运营时间的施工组织按（　　　　）的规定执行。

78. （　　　　）内调车信号机为红色、白色灯光显示，其他调车信号机为蓝色、白色灯光显示。

79. 红色、蓝色灯光表示（　　　　），白色灯光表示（　　　　）。

80. 升弓信号白天显示方式为（　　　　　　　　）。

81. 退行方式（　　　　）表示电客车、工程列车、调试列车或机车车辆开始退行。

82. 信号楼值班员操纵调车信号要执行"（　　　　　　　　）"制度。

83. 车辆段内开行工程车进行接触网检查作业时，按（　　　　）方式办理，开放调车信号组织行车。

84. 电客车停放股道接触网挂有接地线时，（　　　　）调车作业。

85. 电客车电客车需设置止轮器时，在（　　　　）TC 车的北侧第三轮对上对向设置。

86. 压岔调车或原路折返时，信号楼值班员必须通过（　　　　）确认进路道岔位置正确，加锁该进路有关道岔并确认进路道岔位置正确后，方可允许司机动车。

87. 电客车在停车库股道停留时，应施加（　　　　）。

88. 摘车时，应执行（　　　　）的作业程序。

89. 严禁在（　　　　）前面抢越。

90. 显示信号时，应严肃认真，做到（　　　　　　　　　　）。

91. 昼间发车信号：（　　　　　　　　　　）。

92. 持旗要求：在显示股道信号时，凡昼间持有手信号旗的人员，应将信号旗（　　　　），左手持（　　　　），右手（　　　　），不持信号旗的人员徒手按各该条规定方式显示信号。

93. 派班员接到车场调度下达的调车计划后，应立即组织相应调车司机前往车场调度处领取调车单，原则上电客车司机（　　　　）min 内到达车场调度处领取调车计划，工程车司机（　　　　）min 内到达车场调度处领取调车计划。

94. 基本色灯信号及含义：红灯——（　　　　），黄灯——（　　　　），绿灯——（　　　　）。

95. 电客车以 ATO/ATP 模式调试时，最高运行速度为（　　　　）km/h。

96. 按照计划进行的 B1、B2 类施工/检修作业，施工/检修负责人必须在施工/检修作业前（　　　　）min 向车场调度员办理请点作业，由施工/检修负责人安排作业区域防护措施。

97. 当日因特殊原因，施工作业时间需调整，施工负责人向车场调度申请，如果影响正线，车场调度须征得（　　　　）同意。

98. 检修作业的防护标志昼间为红色方牌及夜间（　　　　）。

99. 在影响正线接发列车时,(　　)有权通知施工部门暂停车辆段内所有 B 类施工,以免影响正线行车。

100. 使用隔离开关断开接触网电源,进行检修作业时应在作业地点两端挂接地线,在接地线外方(　　)m 处设置防护标志牌。

二、判断题

1. 发生道岔失表时,信号楼值班员应命令司机原地待令,并说明原因。（　　）
2. 手摇道岔时由前台值班员负责到现场办理,检修、通号人员协助配合。（　　）
3. 取消进路时应先与司机确认列车暂未启动或启动的列车停稳后,才可办理关闭信号作业。（　　）
4. 因故需单操道岔排列进路时,须经行调同意后才可操作,信号楼值班员依次操作道岔,并利用接通光带功能,确认进路光带接通后,再命令司机动车。（　　）
5. 故障道岔发生在非咽喉区且不影响其他入库进路生成,信号楼值班员应优先安排其他进路将电客车组织入库。（　　）
6. 早发车作业时：在规定发车时间前半小时对场区道岔进行定/反位操作,发现异常时及时上报车场调度。（　　）
7. 施工计划按时间分为月计划、周计划、日补充计划三种。（　　）
8. 列车、工程车、车辆的车轮落下钢轨轨面,并造成侧翻的属于列车脱轨。（　　）
9. 不开行电客车、工程列车但在车场线路限界、影响接触网停电、在车场线路限界外 3 m 内种植树木、搭建相关设施及影响车场行车的施工为 B2 类。（　　）
10. 接触网停电检修或需接触网停电配合挂地线时,由设备维修中心供电部专业人员、车辆中心人员（负责车辆段/停车场内单股道）负责在该作业地段两端挂接地线。（　　）
11. 电客车在正线区间内发生的脱轨、倾覆等事故属于一级事故。（　　）
12. 前台值班员是信号楼控制室安全工作的第一负责人,主要负责与车场调度员及其他相关部门的接口协调工作。（　　）
13. 交接班前需参加交班会,按规定穿着工装,8:10 到达 DCC 会议室。（　　）
14. 交接班时,交班者必须主动介绍本班工作情况及下班计划,交代注意事项,确认有关设备、备品、行车命令、台账完整齐全后,双方在交接班本上签字。（　　）
15. 施工作业过程中如要进行动火作业,必须按照《消防安全管理制度》办理"临时动火作业许可证"作业,严禁在无"临时动火作业许可证"的情况下进行动火作业。（　　）
16. 认真核对填写的台账和占线板,在《车场信号楼交接班日志》中明确注意事项和本班组完成的作业内容,交代好下一班组将要进行的施工作业内容。（　　）
17. 太平桥车辆段内线路按作业目的、功能分为：运用线,包括牵出线、洗车线、机走线、机待线、试车线、停车列检线；检修线,包括镟轮线、定修线、临修线、厂架修线、月检线、静调线、内燃调车机及特种车线；其他线,包括材料线、平板车线等。（　　）
18. 哈尔滨地铁 1 号线划分哈达、学府路、铁路局、太平桥四个联锁区。（　　）
19. 接触网导线距轨面的标准距离：地下线 4 040 mm；出/入段线及车场线 4 800 mm。（　　）
20. 电客车在正线线路最高运行速度为 80 km/h。（　　）
21. 擅自取消施工作业是指在作业开始前 1 h 未向指挥中心或主办部门、主配合部门提出取消,又未按安排时间进行作业。（　　）

22. 接班车场调度员主持交班会，介绍本班次工作内容和重要事项，布置下一班次的工作计划和重要事项。（ ）

23. 在办理库外接触网断送电作业时，按作业流程向设调（操作）提出作业申请。（ ）

24. 在运营日计划首列车出车前 2 h（时间暂定），派班员安排两名司机（备班司机）进行本日最后两列车的出车检查。（ ）

25. 司机得到计划后，去派班员处抄收注意事项、调度命令，领取时刻表、无线电台，于发车前 40 min 到车场调度处领取《电客车状态记录卡》、列车主控钥匙和方孔钥匙。（ ）

26. 司机检车发现故障时立即报告车场调度并先自行处理。（ ）

27. 如发现 TYJL-II 微机联锁系统不能操作并处在发车阶段时，应立即通知行调并通知信号楼值班员启动手摇道岔预案，与行调沟通采用"哪通发哪"原则，不按已报顺序发车。（ ）

28. 当发生接触网大面积停电时，场调应立即与行调确认，接触网故障是否能够短时恢复，如确认短时不能恢复供电，是否组织工程车连挂电客车发车相关作业。（ ）

29. 发生大面积停电时场调可不与信号楼值班员确认微机联锁工作是否正常直接启动手摇道岔应急预案。（ ）

30. 经与通号部、铁科院人员确认，微机联锁在蓄电池的状态下不能转换道岔但可在不转换道岔的情况下排列进路，蓄电池工作时间在 2 h 以上。（ ）

31. 如早发车一切正常，线投入运营的车辆全部发出后将热备车股道操作至出段线方向。（ ）

32. 人工下区间准备进路时，按由远及近的顺序依次办理。（ ）

33. 信号楼值班员和车站行车值班员应及时向行调报列车到开点。（ ）

34. 需要前台值班员进入场区办理进路时，应在最短时间内准备好手摇道岔的工具及防护用品并向场调请点进入场区。（ ）

35. 司机接到无线调度电话发车指令后复诵，无须确认电话记录号可直接动车。（ ）

36. 钩锁器必须用扳手尽力拧紧（要求脚踢不晃动）后用钥匙锁闭，钩锁位置应尽可能设在靠近道岔尖轨第一连接杆处。（ ）

37. 执行电话联系法的区段，进路上的道岔必须锁定在正确位置，在联锁设备正常时，可优先使用 TYJL-II 计算机联锁设备进行电子锁定，反之则由信号楼前台值班员现场确认进路正确后使用钩锁器锁定。（ ）

38. 停车手信号的收回时机为列车头部越过信号显示。（ ）

39. 调车手信号的收回时机为列车头部越过信号显示。（ ）

40. 一道手信号显示为两臂左右平伸（昼间）/白色灯光左右摇动（夜间）。（ ）

41. 五道手信号显示为左臂向左下方，右臂向右下方各斜 45°角（昼间）/白色灯光作圆形转动后，再左右摇动（夜间）。（ ）

42. 升弓信号：左臂垂直高举，右臂前伸上下重复摇动（昼间）/白色灯光作圆形转动（夜间）。（ ）

43. 道岔故障修复后，维修负责人要及时出清线路，确认设备状态良好后，到 DCC 办理销点和设备启用手续。（ ）

44. 手摇道岔时由前台值班员负责到现场办理，检修、通号人员协助配合。（ ）

45. 压岔折返作业时，须经车场调度同意，信号楼值班员才可操作，操作过程中禁止对进路中的其他道岔进行转换，应将进路中的道岔单锁并利用接通光带功能，确认光带接通无误后，再命令司机压岔折返。（ ）

46. 因故需单操道岔排列进路时，须经行调同意后才可操作，信号楼值班员依次操作道岔，并利用接通光带功能，确认进路光带接通后，再命令司机动车。（　　）

47. 段内调车时，必须待列车停稳进路生成后，再命令司机动车，禁止在进路生成中与司机联控，命令动车。（　　）

48. 早发车作业时：在规定发车时间前半小时对场区道岔进行定/反位操作，发现异常时及时上报车场调度。（　　）

49. 一号线列车采用 NRM 模式驾驶时，区间最高限速 65 km/h。（　　）

50. 除离开洗车库、在洗车作业时司机必须采用洗车模式人工驾驶，限速 3 km/h。（　　）

51. 列车在停车库门前停留时不得压平交道口。（　　）

52. 因调试需要，调试司机需要在正线接车，调试司机除在派班室正常出勤联系确认，在接车时详细核实列车状况，在做简略试验后按照正线调试的规定进行作业。（　　）

53. 出场列车由于故障无法处理需换备用车时，对于库内备用车，司机无须再做静态检查，但动车前司机需要做动态检查，确认列车两侧和地沟无人和物侵限。（　　）

54. 列车车辆编号"1—6"是固定的，不随着驾驶端的不同而变化。（　　）

55. 太平桥车辆段股道中 L-4 道为不落轮镟线。（　　）

56. 正线信号设备正常时，列车进入正线的凭证为（出转换轨）信号机的直向（绿灯），侧向（黄灯）。（　　）

57. 电客车在太平桥车辆段内运行时其受电弓应在分段绝缘器位置停车。（　　）

58. 列车洗车时应在洗车库门口一度停车，司机在洗车库库门开启和得到洗车库值班员通知后以 3 km/h 的速度进行洗车。（　　）

59. 列车整列启动后视为闭塞解除。（　　）

60. 采用电话联系法行车前，行调应确认车辆段/停车场、车站与列车间无线通信必须良好。（　　）

61. 出/入段/场进路上的道岔均要开通正确位置，并使用钩锁器锁定；人工下区间办理进路时，对应来车方向，按照"由远及近"的原则对各道岔依次进行办理。（　　）

62. 手摇道岔时由前台值班员负责到现场办理，办理后与工建、信号人员共同确认道岔状态。（　　）

63. 手摇道岔时由后台值班员负责到现场办理，办理后与工建、信号人员共同确认道岔状态。（　　）

64. 采用电话联系法组织行车时，行调应向信号楼值班员、车站行车值班员、司机等岗位发布调度命令，各岗位依据本规定办理行车手续。（　　）

65. 车辆段/停车场内运行电客车限速 20 km/h。（　　）

66. 列车整列到达后视为闭塞解除。（　　）

67. 在 ATC 正常情况下，电客车采用 ATO 模式驾驶。（　　）

68. 终点到站时间误差大于 10 min 的列车为晚点列车。（　　）

69. 根据《运营时刻表》计划开行的列车，早、晚不超过规定时间界限的为准点列车。（　　）

70. 车场调度员、信号楼值班员接到列车需退行请求时，须确认接车股道空闲及 B 段的列车或机车车辆停稳后方可同意退行。（　　）

71. 出行车时间以北京时间为准，从零时起计算，实行 24 小时制。（　　）

72. 行车日期划分：以零时为界，零时以前办妥的行车手续，零时以后仍视为无效。（　　）

73. 开行工程车时，信号楼值班员开放出段信号前必须得到车场调度员的允许后方可开放。（　　）

74. 工程列车开行时，挂有高度超过距轨面 3 800 mm 的货物时，接触网必须停电。（　　）

75. TD8 单元台道岔岔尖处有箭头，箭头指向的表示反位，另一个方向表示定位，岔尖处的数字表示道岔的名称。（　　）

76. 对于铅封按钮需再按口令，点压一次功能按钮，只能有效一次。（　　）

77. 太平桥车辆段内设运用组合库、检修组合库、内燃调机及特种车库，均为尽端式车库。（　　）

78. 正线及辅助线行车组织工作由行调负责，车辆段/停车场线属车场调度员管理。出/入段线、出/入场线视为区间，属行调管理范围。转换轨属信号楼值班员管理范围。（　　）

79. 若挤岔车辆脱轨时，命令信号楼值班员做好事故区段防护工作并命令司机实时向车场调度员报告现场情况，等待抢险小组到达现场进行抢险作业。（　　）

80. 段内调车时，必须待列车停稳进路生成后，再命令司机动车，禁止在进路生成中与司机联控，命令动车。（　　）

81. 工程列车原则上从太平桥站出、交通学院站入车辆段，从哈达站出入停车场。（　　）

82. 接触网停电检修或需接触网停电配合挂地线时，由设备维修中心供电部专业人员负责。（　　）

83. 车辆中心人员（负责车辆段/停车场内单股道）负责在该作业地段两端挂接地线。（　　）

84. 段内工程车挂平板车装运货物时，装载货物高度不得超过车体高度。（　　）

85. 所有线路设备安装均不得超过设备限界。（　　）

86. 正线、辅助线及太平桥车辆段试车线采用 9 号道岔，侧向允许通过速度为 25 km/h。（　　）

87. 车场线采用 7 号道岔，侧向允许通过速度为 35 km/h。（　　）

88. 接触网未断电的状态下，任何人不得在车顶上作业、不得进入车顶作业平台、不得从无电检修区（隔离开关已断开，已接好接地线）进入有电区。（　　）

89. 正线线路最大坡度为 28.25‰，最小曲线半径为 298.5 m。（　　）

90. 连接太平桥车辆段与交通学院站间的线路为入段线，有效长度 985 m（S1607~XJD1），最大坡度为 30‰，最小曲线半径为 150 m。（　　）

91. 连接太平桥车辆段与太平桥站间的线路为出段线，有效长度 990 m（X1513~XJD2），最大坡度为 25‰，最小曲线半径为 250 m。（　　）

92. 入段线的 S1611 至 XJD1 信号机间线路为转换轨 I 道（259 m）；出段线的 X1515 至 XJD2 信号机间线路为轨换轨 II 道（250 m）。（　　）

93. 正线、辅助线及太平桥车辆段试车线采用 60 kg/m 钢轨，车场线采用 50 kg/m 钢轨，均为标准轨距 1 435 mm。（　　）

94. XJD1 信号机、XJD2 信号机内方的线路为太平桥车辆段车场线。（　　）

95. 哈尔滨地铁 1 号线辅助线包括存车线、渡线、安全线、出段线、入段线、出场线、入场线等。（　　）

96. 挂接地线属于特种作业，须持有高压电工证。（　　）

97. 一切建筑物，在任何情况下，不得侵入地铁建筑限界。（   ）
98. 在特殊情况下，设备可侵入地铁设备限界。（   ）
99. 机车、车辆无论空、重状态，均不得超出机车、车辆限界。（   ）
100. 哈尔滨地铁 1 号线线路分为正线、辅助线、车场线。（   ）

三、选择题

1. 哈尔滨地铁 1 号线辅助线包括存车线、渡线、（   ）、出段线、入段线、出场线、入场线等。
  A. 安全线   B. 尽头线   C. 调车线   D. 牵出线
2. 施工结束时间为首列车出场/段前（   ）min。
  A. 20   B. 25   C. 30   D. 35
3. 下列属于调度员发布口头命令的内容的是（   ）。
  A. 取消限速   B. 临时加开或停开列车
  C. 封锁线路   D. 线路限速
4. 下列属于调度员发布书面命令的内容的是（   ）。
  A. 取消限速   B. 变更列车进路
  C. 开行救援列车   D. 改变行车闭塞法
5. 每日运营前车辆段/停车场须按规定做好各项运营准备工作，所有运营有关值班人员须到岗，检查、确认无任何异常情况，场调在首列电客车出段/场前至少（   ）向行调汇报。
  A. 20 min   B. 25 min   C. 30 min   D. 35 min
6. 哈尔滨地铁 1 号线列车运行允许速度为（   ）。
  A. 50 km/h   B. 60 km/h   C. 70 km/h   D. 80 km/h
7. 正线电话闭塞法行车时 NRM 驾驶模式限速（   ）。
  A. 40 km/h   B. 45 km/h   C. 50 km/h   D. 55 km/h
8. 出入段/场线电话闭塞法行车时 RM/NRM 驾驶模式均限速（   ）。
  A. 10 km/h   B. 15 km/h   C. 20 km/h   D. 25 km/h
9. 太平桥车辆段内线路两旁堆放物料（含设备、工器具），距钢轨枕木头部外侧不得少于（   ）米，物料应堆放稳固，防止倒塌。
  A. 2   B. 1   C. 1.5   D. 2.5
10. 夜间：白色灯光左右小摇动。表示（   ）。
  A. 白天   B. 动车
  C. 停车位置信号   D. 调车
11. 车辆段内作业涉及转换轨停电时，车辆段调度员需向（   ）申请，经批准才允许停电。
  A. 设调（操作）   B. 值班主任
  C. 行调   D. 设调（维修）
12. 车辆段/停车场接触网停送电前，车辆段/停车场调度员应确认是否具备停送电条件，并汇报给（   ）。
  A. 设调（操作）   B. 值班主任
  C. 行调   D. 设调（维修）
13. 车辆段/停车场调度员批准接触网检修作业开始施工，涉及转换轨通知（   ）。
  A. 设调（操作）   B. 值班主任
  C. 行调   D. 设调（维修）

14. 需其他部门配合作业的施工主办部门，必须按规定的作业时间到位进行作业及相关手续办理，如超过（　　）min 的，该项作业取消。
    A. 10   B. 15   C. 20   D. 25

15. 抢修作业时车场调度员按行调的要求组织在（　　）min 内把工程列车开行到车辆段/停车场内指定地点。
    A. 10   B. 15   C. 20   D. 25

16. 如封锁区间内有道岔、辅助线时，由（　　）与车站联系调车进路计划。（　　）
    A. 调车员   B. 行调   C. 车长   D. 司机

17. （　　）夜间白色灯光左右摇动后，从左下方向右上方高举。（　　）
    A. 5   B. 2   C. 3   D. 4

18. （　　）道夜间白色灯光高举头上左右小动。
    A. 3   B. 5   C. 4   D. 6

19. 停车列检库内、工程车库安放（　　）个铁鞋箱。
    A. 5   B. 1   C. 2   D. 3

20. 定临修库、月检库安放 1 个铁鞋箱，每个铁鞋箱放置（　　）只铁鞋。（　　）
    A. 4   B. 2   C. 6   D. 8

21. DCC 铁鞋架内放置（　　）只铁鞋。
    A. 6   B. 2   C. 4   D. 8

22. 救援列车连挂限速（　　）。
    A. 1 km/h   B. 2 km/h   C. 3 km/h   D. 4 km/h

23. 工程列车作业完毕，原则上在首列电客车出段/场前（　　）min 回到车辆段/停车场。
    A. 30   B. 40   C. 50   D. 60

24. 遇铁路局、烟厂站侧向通过道岔时按（　　）以下速度运行。（　　）
    A. 10 km/h   B. 15 km/h   C. 20 km/h   D. 25 km/h

25. 无论何种车型，车辆段/停车场内（试车线除外）的运行速度均不得超过（　　）
    A. 10 km/h   B. 15 km/h   C. 20 km/h   D. 25 km/h

26. 进入正线、辅助线及影响正线行车的施工须经（　　）同意。
    A. 设调（维修）   B. 行调   C. 场调   D. 值班主任

27. 停车信号昼间信号旗通过（　　）表示。
    A. 展开的红色信号旗   B. 展开红旗下压数次
    C. 展开的黄色信号旗   D. 展开黄色信号旗高举头上左右摇动

28. 紧急停车信号昼间信号旗通过（　　）表示。
    A. 展开的红色信号旗   B. 展开红旗下压数次
    C. 展开的黄色信号旗   D. 展开黄色信号旗高举头上左右摇动

29. 引导信号昼间信号旗通过（　　）表示。
    A. 展开的红色信号旗   B. 展开红旗下压数次
    C. 展开的黄色信号旗   D. 展开黄色信号旗高举头上左右摇动

30. 夜间白色灯光上下左右重复摇动表示为（　　）。
    A. 停车信号   B. 紧急停车信号   C. 降弓信号   D. 升弓信号

31. 哈尔滨地铁 1 号线线路分为正线、辅助线、（　　）。
    A. 辅助线   B. 安全线   C. 车场线   D. 存车线

32. 连接太平桥车辆段与太平桥站间的线路为出段线，有效长度990 m（X1513～XJD2），最大坡度为30‰，最小曲线半径为（　　）。
    A. 30‰　　　　　　B. 250 m　　　　　　C. 20‰　　　　　　D. 150 m

33. 电客车电客车需设置止轮器时，在出场端TC车的北侧第（　　）轮对上对向设置。
    A. 四　　　　　　　B. 二　　　　　　　　C. 三　　　　　　　D. 一

34. 太平桥车辆段内线路按作业目的、功能分为：运用线包括（　　）、洗车线、机走线、机待线、试车线、停车列检线。
    A. 牵出线　　　　　B. 月检线　　　　　　C. 机待线　　　　　D. 定修线

35. 太平桥车辆段内线路按作业目的、功能分为：检修线包括镟轮线、定修线、临修线、厂架修线、月检线、（　　）、内燃调车机及特种车线。
    A. 厂架修线　　　　B. 材料线　　　　　　C. 平板车线　　　　D. 静调线

36. 哈尔滨地铁1号线划分哈达、学府路站、铁路局、（　　）四个联锁区。
    A. 铁路局站　　　　B. 学府路站　　　　　C. 博物馆站　　　　D. 太平桥站

37. 联锁设备具有追踪进路功能，联锁自动设置的追踪进路为ATP进路，RM及（　　）模式的列车不允许进入该进路内，在紧急情况下，得到行车调度员的允许后才能进入该进路内。
    A. ATO　　　　　　B. ATP　　　　　　　C. RM　　　　　　　D. NRM

38. 下列哪些属于行调发布的口头命令（　　）。
    A. 临时加开或停开列车　　　　　　　B. 列车退行
    C. 线路限速　　　　　　　　　　　　D. 线路封锁

39. 下列哪些不属于行调发布的书面命令（　　）。
    A. 发布线路限速或取消限速　　　　　B. 列车退行
    C. 改变行车闭塞法　　　　　　　　　D. 线路封锁

40. 行调发布书面命令需要转达时，在车辆段/停车场由（　　）负责转达，在正线（辅助线）由车站行值负责转达。
    A. 值班主任　　　　B. 场调　　　　　　　C. 行值　　　　　　D. 客值

41. 电客车在太平桥车辆段内需要到洗车线洗车作业时，以（　　）方式办理转轨作业。
    A. 调车　　　　　　B. 列车　　　　　　　C. 转线
    D. 手推调车

42. 太平桥车辆段内道岔区段及其他（　　）m以下曲线半径线路原则上不得进行电客车连挂作业。
    A. 300　　　　　　 B. 250　　　　　　　 C. 200　　　　　　 D. 350

43. 机车、车组接近被连挂车辆不少于（　　）m时一度停车，确认车钩位置正确后再连挂。
    A. 5　　　　　　　 B. 10　　　　　　　 C. 15　　　　　　　D. 3

44. 电客车正线运营最高速度为：RM模式25 km/h；NRM模式（　　）km/h。
    A. 15　　　　　　　B. 25　　　　　　　　C. 35　　　　　　　D. 45

45. 中间站多停时间原则上控制在（　　）min以内，两端站晚发时间原则上控制在3 min以内。
    A. 1　　　　　　　 B. 2　　　　　　　　 C. 3　　　　　　　 D. 4

46. 车辆段配备（　　）轨道平车，型号为PC30，编号为P0101、P0102。
    A. 4　　　　　　　 B. 2　　　　　　　　 C. 3　　　　　　　 D. 1

47. 车辆段配备工程车（　　）台、接触网检修辅助作业车 1 台。
    A. 4　　　　　　　B. 1　　　　　　　C. 2　　　　　　　D. 3

48. 不属于在恶劣天气（如暴雨、暴雪、地震等）条件下的行车组织（　　）。
    A. 以"确保行车安全"为原则
    B. 按规定运行速度
    C. 严格控制一个站间区间只准同方向一列车占用的办法组织行车
    D. 在恶劣天气条件下的行车组织处理程序具体按《自然灾害应急预案》的规定执行

49. 时钟系统在车辆段内设置了（　　）母钟、子钟等设备。
    A. 四级　　　　　　B. 三级　　　　　　C. 一级　　　　　　D. 二级

50. 车辆段内（　　）键按键式值班操作台设置在车辆段信号楼控制室。
    A. 44　　　　　　　B. 40　　　　　　　C. 100　　　　　　D. 144

51. 车辆段内（　　）键按键式值班操作台设置在运用组合库 DCC 控制室。
    A. 40　　　　　　　B. 144　　　　　　C. 100　　　　　　D. 9

52. 当道岔第一连接杆处的尖轨与基本轨间有（　　）及其以上间隙时，不能锁闭或开放信号机。
    A. 5 mm　　　　　　B. 3 mm　　　　　　C. 2 mm　　　　　　D. 4 mm

53. 车辆段内（　　）号道岔均采用 ZD6-D 型直流转辙机。
    A. 9　　　　　　　B. 7　　　　　　　C. 10　　　　　　　D. 6

54. 月计划应结合月度设备检修计划编制，属于正常修程内的 A1、A2、A3、B1、（　　）、C1 类作业必须纳入月计划。
    A. A2　　　　　　　B. C2　　　　　　　C. B2　　　　　　　D. B3

55. 属于（　　）/C2 类的作业，不需提报计划，施工作业负责人直接与车辆段、停车场、车站联系，经车辆段、停车场、车站同意后开始施工。
    A. A2　　　　　　　B. C2　　　　　　　C. B2　　　　　　　D. B3

56. 施工单位、部门需提报周计划时，应于工作开始的前一周的星期二 16：00 以前，向指挥中心施工管理工程师提交《月/周施工计划申报单》，包括日期、（　　）、作业时间、作业内容、作业区域、供电安排、申报人、防护措施、备注。
    A. 作业部门　　　　　　　　　　　B. 作业内容
    C. 作业人数　　　　　　　　　　　D. 工器具

57. 下列属于施工领导人/施工负责人（含 B3、C2 类作业的指定人员）的职责（　　）。
    A. 负责作业人员的管理　　　　　　B. 办理请/销点手续
    C. 作业组织指挥　　　　　　　　　D. 及时与车站联系作业有关事项

58. 下列哪些不属于车辆段/停车场抢修处理规定。
    A. 由车辆段/停车场调度员、信号楼值班员负责封锁相关线路
    B. 如为行车事故，由车辆段/停车场调度员、信号楼值班员统筹组织处理，检修调度配合
    C. 属车辆中心管辖设备故障，由检修调度统筹组织处理
    D. 属设备维修中心管辖范围内的设备故障，由检修调度员统筹处理，并指定一名相关专业人员作为现场指挥

59. 下列属于调试、试验负责人的职责。
    A. 携带工器具　　　　　　　　　　B. 办理请\销点手续
    C. 及时与车辆段联系作业有关事项　D. 出清作业区域

60. 正线电客车以 RM/NRM 驾驶模式出发时电客车关门时机为发车指示器计数显示（   ），发车时机为发车指示器显示 0 s。

    A. 15 s   B. 10 s   C. 5 s   D. 0 s

61. 车辆段线路最小平面曲线半径为（   ）m。

    A. 100   B. 150   C. 200   D. 250

62. 电客车、工程车开始调试的第一趟或调试作业中途停止超过 2 h 后需要重新调试时，限速（   ）km/h 进行线路检查、制动力试验。

    A. 1   B. 5   C. 10   D. 15

63. 凡是影响行车的施工/检修作业，应在封锁区域两端外方（   ）m 处设置防护标志。

    A. 1   B. 5   C. 10   D. 15

64. 能见度小于（   ）m 时，禁止调车作业和调试作业。

    A. 80   B. 70   C. 60   D. 50

65. 雨天、雪天、雾天、夜间的试车线调试最高运行速度为（   ）km/h。（   ）

    A. 25   B. 30   C. 35   D. 40

65. 车辆段/停车场调度员批准接触网检修作业开始施工，涉及转换轨通知（   ）。

    A. 设调（操作）   B. 值班主任   C. 行调   D. 设调（维修）

66. 车辆段/停车场内运行电客车限速（   ）。

    A. 20 km/h   B. 25 km/h   C. 30 km/h   D. 35 km/h

67. 首列电客车出段/场前（   ），车场调度员按《运营时刻表》的计划提供当日合格上线运行的电客车车组号（包括备用车）。

    A. 50 min   B. 40 min   C. 30 min   D. 20 min

68. 车场调度员书面向调车员下达调车作业计划。一批计划（   ）时，可用口头方式布置，调车员用调车作业通知单抄收并复诵。

    A. 小于二勾   B. 小于三勾   C. 小于四勾   D. 小于五勾

69. 在尽头线上调车时，距车挡应有（   ）m 安全距离。

    A. 1   B. 5   C. 10   D. 15

70. 场调组织开行（   ）时，必须得到行调通知。

    A. 救援列车   B. 工程车   C. 电客车   D. 公铁两用车

71. 车辆段内有（   ）组联动道岔。

    A. 2   B. 3   C. 5   D. 4

72. 车辆段内共有（   ）组道岔。

    A. 39   B. 40   C. 38   D. 41

73. 段内 1D4 分区涉及（   ）股道。

    A. 6-9   B. 4-9   C. 10-20   D. 4-10

74. 段内 1D5 分区涉及（   ）股道。

    A. 6-9   B. 4-9   C. 10-20   D. 4-10

75. 出段线的 X1515 至 XJD2 信号机间线路为轨换轨 II 道（   ）。

    A. 250 m   B. 520 m   C. 360 m   D. 120 m

76. 入段线的 S1611 至 XJD1 信号机间线路为转换轨 I 道（   ）。

    A. 520 m   B. 259 m   C. 250 m   D. 260 m

77. 能见度小于（　　）m 时，禁止调车作业和调试作业。
   A. 20   B. 50   C. 30   D. 10

78. 太平桥车辆段出段线全长 1 040 m，最大坡度为 30‰，最小曲线半径为（　　）m。
   A. 200   B. 250   C. 150   D. 300

79. 太平桥车辆段入段线全长 1 069 m，最大坡度为 30‰，最小曲线半径为（　　）m。
   A. 100   B. 150   C. 200   D. 500

80. 道岔开通信号拢起的黄色信号旗高举头上（　　）摇动。
   A. 左右   B. 前后   C. 上下   D. 左上

81. 白天四道的手信号显示（　　）。
   A. 右臂向右上方，左臂向左下方各斜伸 40°
   B. 右臂向右上方，左臂向左下方各斜伸 50°
   C. 右臂向右上方，左臂向左下方各斜伸 45°
   D. 右臂向右上方，左臂向左下方各斜伸 30°

82. 接触网导线距轨面的标准距离：出入段线（　　）。
   A. 4 500 mm   B. 4 800 mm   C. 4 000 mm   D. 5 000 mm

83. 除专业人员按规定作业外，任何人所携带的物件（包括长杆、扶梯等）与接触网带电部位，需保持（　　）m 以上的安全距离。
   A. 0.5   B. 1   C. 1.5   D. 2

84. 所有线路设备安装均不得超过（　　）。
   A. 设备限界   B. 车辆限界   C. 地面钢轨   D. 接触网高度

85. 白天十道的手信号显示（　　）。
   A. 左臂向左上方，右臂向右上方各斜 30°
   B. 左臂向左上方，右臂向右上方各斜 45°
   C. 左臂向左上方，右臂向右上方各斜 40°
   D. 左臂向左上方，右臂向右上方各斜 60°

86. 手信号持灯要求位置适当，（　　），横平竖直，灯正圈圆，角度准确，段落清晰。
   A. 适量   B. 安全   C. 慢速   D. 正确及时

87. 接触网未断电的状态下安全注意事项错误的是（　　）。
   A. 任何人不得在车顶上作业
   B. 不得进入车顶作业平台
   C. 不得从无电检修区（隔离开关已断开，已接好接地线）进入有电区
   D. 迅速作业，尽快完成以防电击的工作。

88. 调车作业由（　　）单一指挥。
   A. 调车员   B. 连结员   C. 调车长   D. 司机

89. 停留车位置信号夜间表示方式为（　　）。
   A. 封闭设备   B. 半封闭设备
   C. 地上地下有限空间   D. 白色灯光左右小摇动。

90. 接触网导线距轨面的标准距离：地下线（　　）。
   A. 5 500 mm   B. 5 000 mm   C. 4 040 mm   D. 4 000 mm

91. （　　）是信号系统中的信号机、道岔和进路之间建立一定的相互制约关系。
   A. 联锁   B. 系统   C. 轨道   D. 通号

92. TD8 单元台道岔岔尖处有箭头，（　　）指向的表示定位，另一个方向表示反位。
    A. 车辆限界　　　　B. 箭头　　　　　　C. 数字　　　　　　D. 开口
93. 所有车辆装载设备及其附属物均不得超过（　　）。
    A. 车辆限界　　　　B. 建筑限界　　　　C. 铁路限界　　　　D. 房屋
94. 抢修作业时车场调度员按行调的要求组织在（　　）min 内把工程列车开行到车辆段/停车场内指定地点。
    A. 10　　　　　　　B. 15　　　　　　　C. 20　　　　　　　D. 25
95. 若是在每列车正点发车前（　　）min 信号楼值班员还未收到司机整备完毕通知，信号楼值班员马上通知车场调度请求换车，车场调度有权决定立即换车，并通知司机保持待命，准备发出热备列车，保证第一列车按时出段。
    A. 5　　　　　　　B. 10　　　　　　　C. 15　　　　　　　D. 20
96. 场调组织开行救援列车时，必须得到（　　）的通知。
    A. 行调　　　　　　　　　　　　　　　B. 值班主任
    C. 设调（维修）　　　　　　　　　　　D. 中心主任
97. 发车前（　　）min 向行调提供计划，如因列车故障无法按计划实行，车场调度员立即变更计划通知行调。
    A. 30　　　　　　　B. 40　　　　　　　C. 50　　　　　　　D. 60
98. 太平桥车辆段内线路按作业目的、功能分为：运用线包括牵出线、洗车线、机走线、月检线、（　　）、停车列检线。
    A. 架修线　　　　　B. 月检线　　　　　C. 试车线　　　　　D. 定修线
99. 按照计划进行的 B1、B2 类施工/检修作业，施工/检修负责人必须在施工/检修作业前（　　）min 向车场调度员办理请点作业，由施工/检修负责人安排作业区域防护措施。否则，不予安排该项施工/检修作业。
    A. 10　　　　　　　B. 20　　　　　　　C. 30　　　　　　　D. 40
100. 不设作业区域的 B3 类施工/检修作业，施工/检修负责人应在施工/检修作业前（　　）min 向车场调度员办理请点作业。
    A. 5　　　　　　　B. 10　　　　　　　C. 15　　　　　　　D. 20

四、简答题

1. 施工计划按时间分为哪几种？
2. 信号楼值班员在停电防护时，应注意什么？
3. 引导信号昼夜间的显示方式是什么？
4. 引导总锁闭的办理时机是什么？
5. 电话联系法的解除时机是什么？
6. 太平桥车辆段与正线分界线是如何区分的？
7. 入段信号机如何显示（一个四灯位机构）？
8. 出段信号机采用如何显示（一个三灯位机构）？
9. 调车信号机采用如何显示（一个两灯位机构）。
10. 信号楼值班员在停电防护时，应注意什么？
11. 电话联系法定义是什么？

12. 停车库内调车信号机如何显示（一个两灯位机构）？
13. 照查电路故障时应采用什么行车办法？
14. 简述道岔单锁与封闭的意义。
15. 行车组织中车辆段信号楼的职责是什么？
16. 工程列车出入车辆段/停车场的具体规定是什么？
17. 取消发车进路的规定是什么？
18. 太平桥出入段线的长度、坡度、曲线半径是多少？
19. 工程车出入太平桥车辆段规定是什么？
20. 擅自取消施工作业是指什么？
21. 手信号显示要求是什么？
22. 如何取消开放的调车信号？
23. 办理区段故障解时需要注意什么？
24. 压岔或原路折返时应如何办理？
25. 什么是联锁？

五、综合题

1. TYJL-Ⅱ型计算机联锁系统中轨道区段分为哪几种颜色及它们显示意义各是什么？
2. 手摇道岔六部曲是什么？
3. 采用电话联系法时，列车出/段如何办理承认闭塞？
4. 突发事件报告事项有哪些？
5. 车场 B 类施工有哪些？

参考答案

模块一 行车调度员工作交接

一、填空题

1. 值班主任   2. 正常联系使用   3. 10   4. 清楚明了   5. 盖章

二、选择题

1. B   2. A   3. B   4. C   5. D

三、判断题

1. 对   2. 错   3. 对   4. 对   5. 错

四、简答题

1. 需要交班行调提醒接班行调的主要内容。

答：（1）交班行调提醒接班行调当日所执行的时刻表，上线列车情况；

（2）交班行调提醒接班行调施工情况；

（3）交班行调提醒接班行调故障情况和其他重要事项、传阅文件等。

2. 交接班会议的注意事项。

答：（1）工作交接时，一定要确定清楚当天所执行的时刻表，注意工作日与休息日以及特殊日期的不同时刻表，注意出车时间点、备用车停放点；

（2）在听取其他岗位行调汇报交接重点事项时认真听，将停送电、故障情况等重点事项记录，当班期间加以注意；

（3）认真听取值班主任对当班重点工作的布置，如有异议，在会议上提出，一起讨论，确保当班期间工作的正常开展。

模块二 乘客服务

一、填空题

1. 运营时刻表   2. 时间   3. 实际线

4. 晚点 15～120 s   5. 列车时刻表

二、选择题

1. B   2. C   3. B   4. B   5. D

三、判断题

1. 错　　2. 错　　3. 错　　4. 对　　5. 错

四、简答题

答：车次框边框显示紫色，表示列车晚点 15～120 s。

车次框边框显示绿色。表示列车早点 15～120 s。

车次框边框显示红色，表示列车晚点 120 s 以上。

车次框边框显示蓝色，表示列车早点 120 s 以上。

模块三　行车组织/指挥

一、填空题

1. 30　　2. 车载台　　3. 执行时刻表　　4. 站台门　　5. 汇报人姓名

二、选择题

1. C　　2. D　　3. D　　4. A　　5. B

三、判断题

1. 对　　2. 错　　3. 对　　4. 对　　5. 对

四、简答题

1. 运营前检查车站应向行调报告哪些内容？

答：确认 LOW 机正常、线路出清、站台门、轨旁设备、接触网、广告灯箱等设备正常。

2. 简述行调的通信设备有哪些？并简述其应用范围？（至少说出 3 个）

答：（1）有线调度台主要用于行调与各车站值班员、车场调度、信号楼值班员、检修调度员的联系。

无线调度台主要用于行调与正线运行的列车司机进行联系。

（2）800M 手持台主要用于车载台故障情况下的电客车、进入正线的工程车、车站人员、进入区间的检修人员等与行调联系的通信设备。

（3）内/外线电话主要用于行调与施工领导人、各部门的沟通，并具备录音功能。

模块四　施工组织

一、填空题

1. 在正线、辅助线需要开行工程车、电客车的施工　　2. 荧光衣、绝缘鞋

3. 2 盏　1 盏　　4. 一个站间区间　　5. 40

二、选择题

1. D　　2. C　　3. C　　4. B　　5. A

三、判断题

1. 错　　2. 错　　3. 错　　4. 对　　5. 对

四、简答题

1. 开行电客车、工程车的防护区域。

答：（1）组织工程列车运行时，在工程列车运行的到达站前方必须保证至少有一个站间区间空闲作为防护区域。

（2）在开行工程列车进行作业的封锁作业区前后方必须保证至少有一个站台区或站间区间空闲作为防护区域。

（3）在开行高速调试列车的封锁作业区前后方必须保证至少有一个站间区间空闲作为防护区域。

2. 加开工程车、电客车调度命令格式。

答：加开工程车、电客车的命令格式

发令时间： 年 月 日 时 分

受令处所	车场调度、信号楼、派班室、××~××各站，派班室（××站）交×××次司机	命令号码 ×××	调度代码 ×××
命令内容	1. 因××部门××作业需要，准车辆段~出/入段线~××站上/下行线~××站上/下行线加开××××次，返程××站上/下行线~××站上/下行线~出/入段线~车辆段加开××××次。 2. ××××次、××××次由××××车担任，凭行调命令及地面信号显示行车。 3. ××××次到××站上/下行站台待令		

模块五　故障应急处置

一、填空题

1. 人工手摇道岔　　2. 8　　3. 车站值班站长
4. 清客　　5. 变更进路

二、选择题

1. A　　2. D　　3. C　　4. C　　5. B

三、判断题

1. 对　　2. 对　　3. 错　　4. 错　　5. 对

四、简答题

1. 简述道岔故障处置关键步骤。

答：（1）道岔出现故障后，首先由行调对故障道岔进行单操两个来回确认是否能够恢复；有岔站行车值班员在发现道岔故障时，向行调报告的同时，也要通知车站值班站长做好准备下线路手摇道岔人工准备进路的工作。

（2）经行调测试后，确认故障道岔只有定位或者反位可以正常使用，或者均无法正常使用，但可以通过变更进路进行接发列车时，行调立即组织列车变更折返进路，通知全线司机及终点站，"全线列车现采用直进侧出或者侧进直出的方式进行折返"。原则上道岔故障后的首列车的接发工作由行调组织，待列车秩序恢复后，可将办理进路权下放至相关联锁站，由联锁站根据行调的命令进行排列列车进路。

（3）经行调测试后，确认故障道岔无法恢复，必须下线路手摇道岔人工准备进路时，行调立即任命有岔站值班站长为事故处理主任，并将办理进路的控制权限下放至有岔站，由有岔站行车值班员根据行调的命令（现任命××站值班站长为事故处理主任，下线路手摇道岔人工准备进路，采用直进侧出或者侧进直出的方式进行折返，此为控制权下放的节点）。组织相关人员下线路手摇道岔人工准备进路。行调同时通知相关联锁站接收控制权配合有岔站准备相关列车进路。

（4）在车站准备相应的接车进路或者发车进路完毕后，立即向行调进行汇报（现××站上/下行接车/发车进路准备完毕，人员已避让至安全位置），行调接到车站此项汇报后，通知相应的列车动车（××次列车确认道岔位置正确，凭地面信号显示或越过前方信号机红灯以××模式运行至××站上/下行站台）。车站不再向司机显示"好了"手信号。

（5）行调将控制权下放后，积极组织故障区域外的列车维持正常运行，必要时可通过小交路折返、加开、退车、抽线等方式进行调整。

（6）道岔故障发生后，若相关人员申请下区间查看故障情况时，车站行车值班员向行调申请，行调通知车站："可利用行车间隔组织相关人员进行查看"，车站接到行调命令后，要根据车站进路准备情况及时组织相关人员下线路查看故障情况，但对查看故障人员下区间及返回的时间必须进行限制，不得影响列车的接发工作，即车站向行调汇报列车进路准备完毕时，查看故障的人员严禁下区间或已下区间的人员必须出清或避让至安全位置。

（7）对于运营期间是否可以对故障道岔进行维修，车站及相关专业人员必须及时汇报现场故障情况，得到行调准许后，方可进行故障维修。

（8）确认道岔故障恢复后，行调通知有岔站及联锁站上交控制权，有岔站及时撤除钩锁器及有关防护，人员出清后向行调汇报，行调及时调整列车运行，恢复正常的行车秩序。

2. 简述站台门故障处置关键步骤。

答：（1）发生站台门故障时，要按照"先通后复"的原则进行处理，在保证安全的前提下，确保电客车正点运行。

（2）当某一档站台门发生故障导致"站台门关闭且锁紧"信号失效，行调应第一时间通知车站人员将故障站台门进行隔离（若为发车作业，则隔离完毕后需向司机打"好了"手信号）同时行调通知司机故障情况并做好配合工作，以便列车离站或进站。

（3）当整侧站台门未发现任何异常但站台门关闭后信号系统无法接收到"站台门关闭且锁紧"信号时，行调应第一时间通知车站人员在PSL上操作"互锁解除"开关（若为发车作业，则操作完毕后需向司机打"好了"手信号），同时行调通知司机故障情况并做好配合，以便列车离站或进站。

模块六　突发事件（事故）处理

一、简答题

1. 简述大雾、雾霾应急处理程序。

答：（1）收到气象台发布大雾、雾霾预警信号后，向各部门下达启动大雾、雾霾预案命令。

（2）行调通知车站和车场调度，根据现场情况开启站厅、站台、区间照明。

（3）通知车站、司机做好大客流预想，防止夹人夹物动车。

（4）设调（操作）通知车站加强对气体灭火系统的监控。

（5）行调向全线发布相关的运营服务信息。通知相关影响的车站做好乘客服务工作。

（6）通知相关分部人员加强地面路段设备、设施的巡视。能见度小于 30 m 的线路地段，可组织列车限速运行。如遇因雾霾导致车站、车辆段烟感报警设备联动，及时通知车站人员做好乘客安抚工作，并通知生产调度检查设备情况及时恢复设备正常运行。

（7）了解大雾、雾霾情况，注意监控车站、列车的运行状态。

（8）若发现或接报险情，及时通知各部门，根据情况要求派出抢险队，做好配合工作。

（9）预警信号解除后，及时通知各部门，要求检查相关设备，恢复正常运营。

2. 简述发生列车毒气袭击应急处理流程。

答：（1）接报列车受毒气袭击的信息后，立即了解毒气释放地点、情况及初步人员伤亡情况。

（2）报值班主任及各调度。

（3）通知受袭车站安排人员在车站紧急出入口处引导救护人员。

（4）通知列车越站通过。

（5）通知受袭列车维持进站，开门紧急疏散乘客并封站。按值班主任要求组织列车运行。

（6）扣停后续及邻线的列车，组织退回发车站，并提醒司机做好乘客广播工作。

（7）通知现场维修人员做好防毒、疏散工作。不断收集毒气袭击的信息和变化情况，继续通报指挥中心。

（8）根据现场实际情况及相关专业人员要求启动相应风机。

（9）督促相关车站报告"120""119"及"110"。

（10）事件处理结束后，恢复正常运营，调整列车运行。

3. 简述车站站台火灾处理流程。

答：（1）哈达站行值报行调哈达站站台发生火灾。

（2）行调询问着火地点、火势及伤亡情况报值班主任及各调度。

（3）行调立即扣停后续列车及邻线列车，开出列车组织退回车站。如来不及扣停列车组织上下行列车不停站通过火灾车站。

（4）行调通知火灾车站组织紧急疏散乘客，并报相关单位。通报车站列车不停站通过。

（5）因灭火需要组织 1A1、1B1 区域停电。行调通知停电区域列车降弓待令，组织该区域进行停电。

（6）行调跟进车站火灾处理情况，通知停电区域各站做好停电准备，车站做好乘客服务。组织火灾区域外列车小交路运行，调整列车间隔，发布前方站多停、晚发命令。

（7）行调跟进现场疏散情况。

（8）哈达站行值报火灾现场已扑灭。

（9）行调组织 1A1、1B1 区域送电，通知故障区域各次列车做好准备。

（10）行调通知设调（操作）1A1、1B1 区域送电，并通知车站确认线路出清。

（11）行调确认已送电，通知故障区域列车升弓投入载客服务。

（12）根据领导要求，行调通知相关车站做好投入运营服务。

（13）行调呼叫后续列车注意观察故障区域线路情况。取消前发多停、晚发命令、小交路折返命令。恢复正常运行。

4. 简述列车脱轨、倾覆应急处理程序。

答：（1）确定列车脱轨地点、车次和车底号、脱轨轮对。了解事故列车载客量和人员伤亡情况，并通知值班主任及各调度。扣停开往受影响区域的列车，对已进入区间的列车，组织其退回发车站。处理过程中加强与设调（操作）的联系。通知相关部门准备起伏工作，车辆段/场派救援起伏车辆带好工器具赶往现场。

（2）通知脱轨列车降弓待令并组织相关区域停电。

（3）确认停电后，通知脱轨列车司机待车站人员到达后协助进行疏散乘客的工作。

（4）通知两端车站做好区间疏散乘客的准备。

（5）发布多停晚发限速命令。

（6）如列车在隧道内时间较长，通知设调（操作）进行送风。

（7）组织小交路折返，调整列车间隔。

（8）向车站、司机发布小交路折返和单线双向运行命令及路径。

（9）通知车辆段/场准备备用车，组织相关列车退出服务。

（10）跟进车站疏散情况。

（11）跟进列车救援起复工作。

（12）起伏作业完毕后，准备工程列车或一列车清客前往救援，至就近存车线，可待运营结束后在安排事故列车回段/场抢修。

模块十　车场组调度岗位上岗测试题

一、填空题

1. 黄色灯光
2. 259 m　　250 m
3. 接发列车时除外
4. 警冲标
5. 150 m
6. 250 m
7. 二道夜间
8. 60　　40
9. 停车　二勾
10. 2
11. 白色光带
12. 红色光带
13. 总人解
14. 牵出线
15. 道岔　始端和终端
16. 停车
17. 道岔封闭　白灯
18. 上电解
19. 干一勾划一勾
20. 一停、二看、三通过
21. 钢轨
22. 45
23. 一道
24. 红色
25. 道岔开通
26. 拢起
27. A
28. 4　　5
29. 20　　5
30. 3
31. 10
32. 停车信号
33. 好了信号
34. 停车位置信号
35. 《客车状态记录卡》
36. 1 435　　9　　7
37. 1 069　　1 040
38. 运用线、检修线、其他线
39. 7　　9
40. 四
41. 出段信号机、入段信号机、调车信号机、阻拦信号机
42. 信号楼
43. 50
44. 4 040　　4 800　　5 000　　250
45. 1D3、1D4、1D5、1D6
46. 3　　1
47. 集中领导、统一指挥

48. 列车　　　　　　　　　　　　49. 4
50. 由近及远　　　　　　　　　　51. 停稳进路生成
52. 进路生成中　　　　　　　　　53. 车场调度
54. 接通光带　　　　　　　　　　55. 尽端式
56. 进场作业令　　　　　　　　　57. 红闪灯
58. 哈达、学府路、铁路局、太平桥　59. 50 min　包括备用车
60. 行调、场调、信号楼值班员　　61. 存车线上
62. 60　　　　　　　　　　　　　63. 信号楼值班员
64. 9101～9199　　　　　　　　　65. 车场调度员
66. 车场调度　　　　　　　　　　67. 15
68. 车次、时间、出段线路和故障列车回段情况
69. 信号楼值班员　维修　　　　　70. 热备、冷备
71. 统一领导　　　　　　　　　　72. 二勾
73. 接发列车　　　　　　　　　　74. XJD1、 XJD2
75. 场调　　　　　　　　　　　　76. 行调
77. 《行车设备维修施工管理规定》　78. 停车库
79. 禁止越过　允许调车　　　　　80. 左臂垂直高举，右臂前伸上下重复摇动
81. 两长声　　　　　　　　　　　82. 一看、二按、三确认、四显示、五呼唤
83. 调车　　　　　　　　　　　　84. 禁止
85. 出场端　　　　　　　　　　　86. 接通光带
87. 停放制动　　　　　　　　　　88. 一关、二摘、三提钩
89. 运行中的机车车辆
90. 位置适当，正确及时，横平竖直，灯正圈圆，角度准确，段落清晰
91. 展开绿信号旗上弧线向列车方面作圆形转动
92. 拢起　红旗　黄旗　　　　　　93. 5　　10
94. 停车　减速　起动或按规定速度运行
95. 60　　　　　　　　　　　　　96. 30
97. 行调　　　　　　　　　　　　98. 红色闪灯
99. 车场调度员　　　　　　　　　100. 15

二、判断题

1. √	2. √	3. √	4. ×
5. √	6. √	7. ×	8. ×
9. √	10. √	11. √	12. ×
13. √	14. √	15. √	16. √
17. √	18. √	19. √	20. √
21. ×	22. ×	23. √	24. ×
25. √	26. √	27. √	28. √
29. ×	30. √	31. √	32. √
33. √	34. √	35. ×	36. √
37. √	38. ×	39. √	40. √
41. ×	42. √	43. √	44. √

45. √	46. ×	47. √	48. √
49. ×	50. ×	51. √	52. √
53. ×	54. √	55. ×	56. √
57. ×	58. √	59. ×	60. √
61. √	62. √	63. ×	64. √
65. √	66. √	67. √	68. ×
69. √	70. √	71. √	72. ×
73. √	74. √	75. ×	76. √
77. √	78. ×	79. √	80. √
81. √	82. √	83. √	84. √
85. √	86. ×	87. ×	88. √
89. √	90. √	91. ×	92. √
93. √	94. √	95. √	96. √
97. √	98. ×	99. √	100. √

三、选择题

1. A　　2. C　　3. B　　4. A
5. C　　6. D　　7. B　　8. C
9. C　　10. C　　11. C　　12. A
13. C　　14. A　　15. A　　16. C
17. B　　18. C　　19. C　　20. A
21. C　　22. C　　23. D　　24. B
25. C　　26. B　　27. A　　28. B
29. D　　30. C　　31. C　　32. B
33. C　　34. A　　35. D　　36. D
37. D　　38. A　　39. B　　40. B
41. A　　42. A　　43. A　　44. D
45. A　　46. B　　47. D　　48. B
49. D　　50. D　　51. A　　52. D
53. B　　54. C　　55. D　　56. A
57. B　　58. A　　59. B　　60. A
61. B　　62. D　　63. D　　64. D
65. D　　65. C　　66. A　　67. A
68. A　　69. C　　70. A　　71. D
72. A　　73. C　　74. B　　75. A
76. B　　77. B　　78. B　　79. B
80. A　　81. C　　82. B　　83. B
84. A　　85. B　　86. D　　87. D
88. A　　89. D　　90. C　　91. A
92. B　　93. A　　94. A　　95. C
96. A　　97. C　　98. C　　99. C
100. B

四、简答题

1. 施工计划按时间分为哪几种？

答：月计划、周计划、日补充计划、临时补修计划。

2. 信号楼值班员在停电防护时，应注意什么？

答：接受车场调度员下达准备停电命令后，按"先防后撤"的原则进行停送电防护。停电前信号楼值班员要做好停电区域的防护；在车场调度员告知送电后撤除该停电区域的防护。

3. 引导信号昼夜间的显示方式是什么？

答：昼间：展开黄色信号旗高举头上左右摇动。

夜间：黄色灯光高举头上左右摇动。

4. 引导总锁闭的办理时机是什么？

答：当接车进路中的道岔失去表示，不能排列接车进路与引导进路时，需要办理引导总锁进行接车作业。

5. 电话联系法的解除时机是什么？

答：列车整列到达指定站台/转换轨并发出后视为闭塞解除。

6. 太平桥车辆段与正线分界线是如何区分的？

答：XJD1、XJD2 进段信号机为界限；入段线的 S1611 至 XJD1 信号机间线路为转换轨Ⅰ道（259 m）；出段线的 X1515 至 XJD2 信号机间线路为轨换轨Ⅱ道（250 m）。

7. 入段信号机如何显示（一个四灯位机构）？

答：（1）黄灯——允许列车进车辆段。

（2）红灯——禁止越过该信号机。

（3）黄/红灯——引导信号进车辆段（黄、红灯位间设空灯位）。

（4）月白灯——允许调车作业，可以越过该信号机。

8. 出段信号机采用如何显示（一个三灯位机构）？

答：（1）黄灯——允许列车出段。

（2）红灯——禁止越过该信号机。

（3）月白灯——允许段内调车作业，可以越过该信号机。

9. 调车信号机采用如何显示（一个两灯位机构）。

答：（1）蓝灯——停止调车作业，禁止越过该信号机。

（2）月白灯——允许调车作业，可以越过该信号机。

（3）红灯——停止列车/调车作业，禁止越过该信号机。

10. 信号楼值班员在停电防护时，应注意什么？

答：接受车场调度员下达准备停电命令后，按"先防后撤"的原则进行停送电防护。停电前信号楼值班员要做好停电区域的防护；在车场调度员告知送电后撤除该停电区域的防护。

11. 电话联系法定义是什么？

答：电话联系法：车辆段/停车场与正线连接站信号故障时，车辆段/停车场与车站之间凭电话记录办理闭塞手续，列车占用区间线路的行车凭证为电话记录号码，列车凭车辆段/停车场、车站的无线调度电话发车指示发车，司机以 RM/NRM 模式驾驶列车运行的一种行车方法。

12. 停车库内调车信号机如何显示（一个两灯位机构）？

答：（1）红灯/蓝灯——停止列车/调车作业，禁止越过该信号机。

（2）月白灯——允许越过该信号机。

13. 照查电路故障时应采用什么行车办法？

答：照查电路故障时，采用电话联系法行车。

14. 简述道岔单锁与封闭的意义。

答：道岔单独锁闭的含义是指可通过该道岔锁定位置排进路，但不能操纵；道岔封闭是指不能通过该道岔排进路，但道岔可以单独操纵。

15. 行车组织中车辆段信号楼的职责是什么？

答：太平桥车辆段信号楼控制室负责车辆段信号联锁系统的控制及车辆段与太平桥站、交通学院站信号联锁接口的控制，与行调共同组织列车出入车辆段，隶属车场调度员管理。

太平桥车辆段信号楼控制室设信号楼值班员，负责排列车辆段内的车辆调车作业和列车出入车辆段的运行进路。

16. 工程列车出入车辆段/停车场的具体规定是什么？

答：工程列车原则上从太平桥站出、交通学院站入车辆段，从哈达站出入停车场。工程列车应在出入车辆段/停车场信号机前一度停车，与信号楼值班员联系，确认信号机开放正确后方可动车。

17. 取消发车进路的规定是什么？

答：当取消发车进路或关闭信号时，应先通知司机，在确认列车尚未动车时或已动车的列车停稳后，方可收回行车凭证，再取消发车进路或关闭信号。

18. 太平桥出入段线的长度、坡度、曲线半径是多少？

答：太平桥车辆段入段线全长 1 069 m，最大坡度为 30‰，最小曲线半径为 150 m；太平桥车辆段出段线全长 1 040 m，最大坡度为 30‰，最小曲线半径为 250 m。

19. 工程车出入太平桥车辆段规定是什么？

答：原则上工程车在 L21 道办理接车作业，在 L21 和 L22 办理发车作业。特殊情况下需在其他股道办理接发车作业时，应经车场调度员同意，并确保不影响电客车作业和行车安全。

20. 擅自取消施工作业是指什么？

答：在作业开始前 2 h 未向指挥中心或主办部门、主配合部门提出取消，又未按安排时间进行作业。

21. 手信号显示要求是什么？

答：显示信号时，应严肃认真，做到位置适当，正确及时，横平竖直，灯正圈圆，角度准确，段落清晰。

22. 如何取消开放的调车信号？

答：调车信号机开放后，须要取消时，信号楼值班员应通知司机或调车员，并得到应答确认列车停车或未动车后，方可关闭开放的信号机。

23. 办理区段故障解时需要注意什么？

答：区段故障解只对道岔区段有效。办理区段故障解锁时须确认该区段确实没有车占用，并且该区段所在进路的始端和终端均已解锁。

24. 压岔或原路折返时应如何办理？

答：压岔调车或原路折返时，信号楼值班员必须通过接通光带确认进路道岔位置正确，加锁该进路有关道岔并确认进路道岔位置正确后，方可允许司机动车。

25. 什么是联锁？

答：指信号系统中的信号机、道岔和进路之间建立一定的相互制约关系。

五、综合题

1. TYJL-Ⅱ型计算机联锁系统中轨道区段分为哪几种颜色及它们显示意义各是什么？

答：灰色光带：区段基本光带。

白色光带：进路在锁闭状态。

红色光带：轨道区段有车占用，或故障。

绿色光带：区段出清未解锁状态。

蓝色光带：进路初选状态。

青色光带：接通光带。

2. 手摇道岔六部曲是什么？

答：一看：看道岔开通位置是否正确，是否需要改变位置。

二开：打开道岔盖孔板锁及钩锁器锁，拆下钩锁器。

三摇：摇道岔转向所需的位置，在听到转辙机"咔嚓"落槽声后停止。

四确认：手指尖轨呼："开通定/反位，尖轨密贴"，另一人应答确认。

五加锁：另一人在确认道岔开通正确位置后，用钩锁器锁定。

六汇报：向信号楼值班室汇报该道岔开通位置及钩锁情况："××号道岔开通定/反位，尖轨密贴，已加钩锁器。"

3. 采用电话联系法时，列车出/段如何办理承认闭塞？

答：列车出段/场：车站确认出段/场闭塞区间空闲，并准备好接车进路后，可同意车辆段/停车场发车闭塞请求，并给出承认发车电话记录号码。

列车入段/场：车辆段/停车场确认入段/场闭塞区间空闲，可同意车站发车闭塞请求，并给出承认发车的电话记录号码。

4. 突发事件报告事项有哪些？

答：（1）发生时间（年、月、日、时、分）。

（2）发生地点（区间、百米标和上、下行正线）。

（3）列车车次、车组号、关系人员姓名、职务。

（4）事故概况及原因。

（5）人员伤亡情况及车辆、线路等地铁设备损坏情况。

（6）是否需要救援。

（7）其他必须说明的内容及要求。

5. 车场 B 类施工有哪些？

答：开行电客车、工程列车的施工（不含车辆中心电客车、工程列车的检修作业）为 B1 类，不开行电客车、工程列车但在车场线路限界、影响接触网停电、在车场线路限界外 3 m 内种植树木、搭建相关设施及影响车场行车的施工为 B2 类，车场内除 B1/B2 以外的施工作业为 B3 类（办公室、食堂等生活办公设备设施维修除外）。